"创新设计思维"
数字媒体与艺术设计类新形态丛书

全|彩|慕|课|版

CorelDRAW 2022

平面设计案例教程

瞿颖健 尹薇婷 主编

胡倩 张译匀 副主编

U0191326

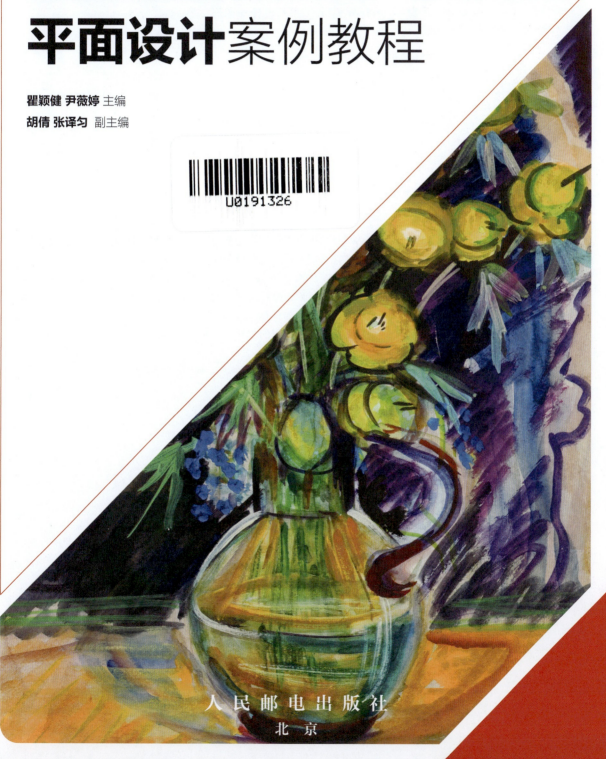

人民邮电出版社

北 京

图书在版编目（CIP）数据

CorelDRAW 2022平面设计案例教程：全彩慕课版 /
瞿颖健，尹薇婷主编. -- 北京：人民邮电出版社,
2023.12
（"创新设计思维"数字媒体与艺术设计类新形态丛书）
ISBN 978-7-115-62490-1

Ⅰ. ①C… Ⅱ. ①瞿… ②尹… Ⅲ. ①平面设计－图形软件－高等学校－教材 Ⅳ. ①TP391.412

中国国家版本馆CIP数据核字(2023)第151065号

内 容 提 要

本书是一本全面讲解 CorelDRAW 2022 平面设计应用的教材，注重案例选材的实用性、步骤的完整性、思维的扩展性，旨在帮助读者掌握案例的设计理念及制作思路。

本书共 12 章，前 7 章针对 CorelDRAW 2022 基础操作、初级绘图、颜色设置、高级绘图、对象的编辑与管理、文字与表格、特效进行了介绍，后 5 章针对标志设计、UI 设计、广告设计、包装设计、服装设计等热门应用行业的综合案例进行了细致的讲解。

本书可作为普通高等院校平面设计相关专业课程的教材，也可作为相关行业设计人员的参考书。

◆ 主　　编　瞿颖健　尹薇婷
　　副主编　胡　倩　张译匀
　　责任编辑　韦雅雪
　　责任印制　王　郁　陈　犇
◆ 人民邮电出版社出版发行　　北京市丰台区成寿寺路 11 号
　　邮编　100164　电子邮件　315@ptpress.com.cn
　　网址　https://www.ptpress.com.cn
　　雅迪云印（天津）科技有限公司印刷
◆ 开本：787×1092　1/16
　　印张：13　　　　　　　　　　　2023 年 12 月第 1 版
　　字数：336 千字　　　　　　　　2023 年 12 月天津第 1 次印刷

定价：79.80 元

读者服务热线：(010)81055256　印装质量热线：(010)81055316
反盗版热线：(010)81055315
广告经营许可证：京东市监广登字 20170147 号

CorelDRAW 是一款深受用户青睐的图像处理、矢量图形编辑和排版设计软件，被广泛应用于插画设计、海报设计、书籍设计、包装设计、广告设计、UI 设计、服装设计等，因此很多院校也都开设了 CorelDRAW 平面设计的相关课程。

党的二十大报告中提到："教育、科技、人才是全面建设社会主义现代化国家的基础性、战略性支撑。"为了帮助广大院校培养优秀的平面设计人才，本书以 CorelDRAW 2022 为讲解重点，以软件基础＋实操＋扩展练习＋课后习题＋课后实战为特色结构，在讲解各部分软件基础应用的同时，搭配讲解步骤详细的完整的案例。本书的大部分案例包含项目诉求、设计思路、配色方案、项目实战模块，让读者不仅能学习案例的技术步骤，还能看懂案例的设计思路及理念。

本书特点

◎ 章节合理。第 1 章主要讲解 CorelDRAW 软件的入门操作，第 2 ~ 7 章按软件技术分类讲解具体应用知识，第 8 ~ 12 章是综合应用案例。

◎ 结构清晰。本书大部分章节采用软件基础＋实操＋扩展练习＋课后习题＋课后实战的结构进行讲解，让读者实现从入门到精通掌握软件应用的目标。

◎ 实用性强。本书精选实用性强的案例，以便读者应对多种行业的设计工作。

◎ 项目式案例解析。本书案例大多包括项目诉求、设计思路、配色方案、项目实战模块，案例讲解详细，有助于提升读者的综合设计素养。

本书内容

第 1 章　CorelDRAW 2022 基础操作，包括熟悉 CorelDRAW 2022 的工作环境、新建与保存文件、打开与关闭文件、打印文件等内容。

第 2 章　初级绘图，包括绘制几何图形、绘制线条、改变图形的形态等内容。

第 3 章　颜色设置，包括设置图形的填充、设置图形的轮廓、智能填充、网状填充、"透明度"工具、使用滴管设置图形效果等内容。

第 4 章　高级绘图，包括绘制复杂的图形、切分与擦除、其他绘图工具、创建奇特的图形等内容。

第 5 章　对象的编辑与管理，包括对象变换、对象管理、位图的编辑操作等内容。

第 6 章　文字与表格，包括运用文字、运用表格、运用辅助工具等内容。

第 7 章　特效，包括认识"三维"效果、使用"调整"效果、认识"艺术笔触"效果、认识"模糊"效果、认识"相机"效果、认识"颜色转换"效果、认识"轮廓图"效果、认识"校正"效果、认识"创造性"效果、认识"自定义"

效果、认识"扭曲"效果、认识"杂点"效果、认识"鲜明化"效果、认识"底纹"效果、认识"变换"效果等内容。

第 8 章 标志设计综合案例，对"礼品店店铺标志设计"进行了项目式解析。

第 9 章 UI 设计综合案例，对"手机小游戏系统界面设计"进行了项目式解析。

第 10 章 广告设计综合案例，对"生鲜超市宣传单设计"进行了项目式解析。

第 11 章 包装设计综合案例，对"果汁饮品标签设计"进行了项目式解析。

第 12 章 服装设计综合案例，对"女士长袖上衣款式图设计"进行了项目式解析。

本书采用 CorelDRAW 2022 版本进行编写，为了取得最佳效果，建议读者使用该版本进行学习。

教学资源

本书提供了丰富的立体化资源，包括实操视频、案例资源、教辅资源、慕课视频等。读者可登录人邮教育社区（www.ryjiaoyu.com），在本书页面中下载案例资源和教辅资源。

实操视频：本书所有案例配套微课视频，扫描书中二维码即可观看。

案例资源：所有案例需要的素材和效果文件，素材和效果文件均以案例名称命名。

教辅资源：本书提供 PPT 课件、教学大纲、教学教案、拓展案例、拓展素材资源等。

素材文件　　效果文件　　PPT课件　　教学大纲　　教学教案　　拓展案例库　　拓展素材资源

慕课视频：作者针对全书各章内容和案例录制了完整的慕课视频，以供读者自主学习；读者可通过扫描下方二维码或者登录人邮学院网站（新用户须注册），单击页面上方的"学习卡"选项，并在"学习卡"页面中输入本书封底刮刮卡的激活码，即可学习本书配套慕课。

慕课课程

慕课课程网址

作者团队

本书由瞿颖健、尹薇婷担任主编，由胡倩、张译匀担任副主编。限于作者水平，书中难免存在不足之处，希望广大读者不吝指正。

编者
2023 年夏

C O N T E N T S

目录

第**7**章 142
特效

第**8**章 165
标志设计综合案例

第**9**章 171
UI 设计综合案例

第1章
CorelDRAW 2022 基础操作

学习 CorelDRAW 前，首先需要对 CorelDRAW 有个初步的认识，包括工作界面、工具箱、命令菜单与泊坞窗。其次需要学习 CorelDRAW 的基本操作，如新建文件、打开文件、保存文件、查看画面的不同区域等。掌握了这些操作后，读者就可以更好地使用该软件进行后续工作了。

本章要点

📁 知识要点

❖ 熟悉软件中的工具、命令、泊坞窗的使用方法；

❖ 熟练掌握文件的打开、新建、导入、导出、保存操作；

❖ 掌握"缩放工具"和"抓手工具"的使用方法。

1.1 熟悉 CoreIDRAW 2022 的工作环境

CorelDRAW是一款专业的矢量图形编辑软件，被广泛应用于广告设计、UI设计、网页设计、包装设计、书籍设计等领域，如图1-1所示。

图 1-1

1.1.1 认识 CorelDRAW 2022 的界面

本节将开始学习CorelDRAW的第一步，熟悉CorelDRAW的界面。

（1）双击软件的快捷方式，打开软件。此时界面显示的功能是不完整的，需要新建文件或者打开已有文件，才能看到完整的界面。当前界面中有可供试用的模板文件，单击即可将该文件打开，如图1-2所示。

图 1-2

（2）打开文件后，就可以看到完整的软件界面，如图1-3所示。

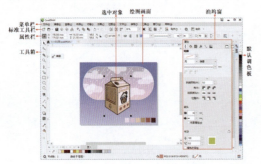

图 1-3

菜单栏：菜单栏中有多个菜单按钮，单击按钮可以打开相应的菜单列表。

标准工具栏：标准工具栏中包括一些常用的快捷操作，单击按钮可以进行应用。

属性栏：选择工具后，在属性栏中可以进行相关属性的设置。

工具箱：工具箱位于窗口的左侧，选择工具后，需要用手操控鼠标进行工具的控制。

绘图画面：绘图画面可用于进行图形的绘制与编辑。

泊坞窗：泊坞窗中提供了大量可用于编辑对象的功能及选项。

1.1.2 使用 CorelDRAW 2022 中的工具

工具箱位于窗口的左侧，其中包含多种常用的绘图、选择、调整和编辑工具，这些工具经常与"属性栏"配合使用。

（1）单击工具箱中的按钮即可选中工具，将光标移动到工具上方就会显示工具的名称，并且会显示工具的用法，如图1-4所示。

图 1-4

（2）部分工具的右下角带有 图标，表示这是一个工具组。在按钮上方按住鼠标左键1～2秒即可看到工具组中隐藏的工具，将光标移动到需要选择的工具上方单击即可将工具选中，如图1-5所示。

图 1-5

（3）选择工具后，在属性栏中可以看到该工具的相关选项，如图1-6所示。

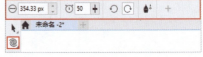

图 1-6

（4）选择其他工具，就会看到与其他工具相关的选项，如图1-7所示。

图 1-7

使用 CorelDRAW 2022 中的命令

菜单栏位于界面的顶部，由多个菜单按钮组成。用户通过菜单按钮的名称大概可以猜出菜单中命令的使用范围，如"文本"菜单中的命令主要是针对文字进行编辑的，"表格"菜单中的命令主要是为创建及编辑"表格"服务的。

（1）单击菜单按钮即可看到菜单列表。例如，单击"文件"菜单按钮，将光标移动至菜单名称位置会有高亮显示，单击即可执行该命令，如图1-8所示。

图 1-8

（2）部分命令名称右侧有一串英文加字母的组合，这是该命令的快捷键，按下快捷键可以快速执行该命令，如图1-9所示。

图 1-9

（3）部分命令右侧带有 ▶ 图标，表示该命令带有子菜单。例如，单击"对象"菜单按钮，将光标移动到"插入"命令处即可看到其子菜单，如图1-10所示。

图 1-10

1.1.4 使用 CorelDRAW 2022 中的泊坞窗

"泊坞窗"在用户编辑对象时可提供一些功能、命令、选项、设置等。CorelDRAW中包含很多个泊坞窗，每个泊坞窗都有着不同的功能。默认情况下，泊坞窗堆叠在窗口的右侧。

（1）执行"窗口>泊坞窗"命令，可以打开或关闭泊坞窗，如图1-11所示。

图 1-11

（2）执行"窗口>泊坞窗>属性"命令，可以将"属性"泊坞窗打开，如图1-12所示。

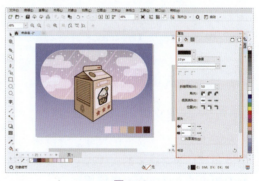

图 1-12

（3）泊坞窗打开后，其命令前方会带有 ✔ 标志，如图1-13所示。再次执行该命令，则会将其关闭。

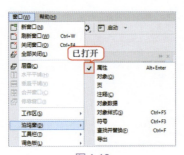

图 1-13

（4）单击泊坞窗右上角的 ❯❯ 按钮，即可将泊坞窗折叠成按钮状，如图1-14所示。单击该按钮，即可展开该泊坞窗。

图 1-14

（5）单击泊坞窗名称附近的 ⊠ 按钮，即可将泊坞窗关闭，如图1-15所示。

图 1-15

1.2 新建与保存文件

要想"从零开始"设计制图工作，就需要在CorelDRAW中新建一个文件。

1.2.1 新建文件

新建文件时，文件的尺寸、分辨率、原色模式都是非常重要的属性，它们会直接影响到新建的文件是否可以使用。

在CorelDRAW中，新建文件有两种思路：一种是新建预设尺寸的文件；另一种是新建自定义尺寸的文件。

（1）新建预设尺寸的文件。执行"文件>新建"命令或者按Ctrl+N组合键可以打开"创建新文档"窗口。其中，"名称"选项用于设置文件的名称，在文本框内输入文件名称即可。单击"页面大小"右侧的下拉按钮，在下拉列表中有多个预设尺寸，这里选择A4，在下方可以看到所选尺寸的"宽度"和"高度"。"方向"选项用于设置画板的方向，有"横向" ▭ 和"纵向" ▯ 两个选择。最后单击"OK"按钮提交操作，如图1-16所示。

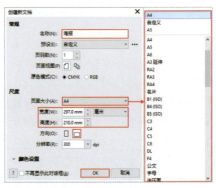

图 1-16

（2）完成新建文件的操作，如图1-17所示。

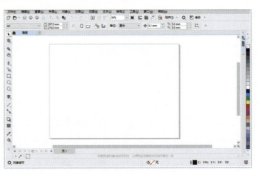

图 1-17

（3）新建自定义尺寸的多页文件。首先输入合适的文件名称；"页码数"选项用于设置文件包含的页数，这里设置为3；"页面视图"选项用于设置画板的排列方式，单击"多页视图"按钮 ⬚ ；"原色模式"选项用来选择文件的原色模式，由于制作的文件要上传到网络，因此选择RGB；设置"单位"为"像素"；接着在"宽度"和"高度"数值框内输入数值设置文件的尺寸；"分辨率"选项用于设置文件的分辨率。最后，单击"OK"按钮提交操作，如图1-18所示。

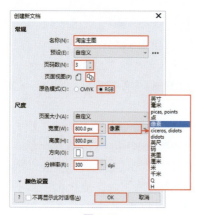

图 1-18

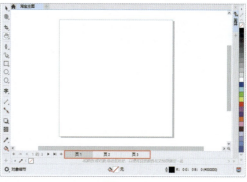

图 1-20

提示:

通常情况下,图像的分辨率越高,印刷出来的质量就越好。但并不是所有文件都适合高分辨率,一般印刷品适合分辨率为150dpi~300dpi,高档画册的分辨率为350dpi以上,大幅喷绘广告1米以内的分辨率为70dpi~100dpi,巨幅喷绘的分辨率为25dpi,多媒体显示图像为72dpi。

用于印刷的文件颜色模式设置为CMYK;用于在手机、计算机等电子屏幕显示的文件颜色模式设置为RGB。

（4）至此,完成新建文件的操作。由于"页面视图"选项选择了"多页视图",因此在画面中排列着3个画板,如图1-19所示。

图 1-19

（5）如果在"创建新文档"窗口中设置"页面视图"为"单页视图"□,在设置"页码数"为3的情况下新建文件,则在画面中只能看到一个画板。但在界面底部可以看到页码,单击页面名称即可切换页面,如图1-20所示。

提示:

执行"查看>多页视图"命令,可以在"多页视图"和"单页视图"之间来回切换。

1.2.2 更改文件尺寸与页数

新建文件后,也可以在属性栏中更改文件的尺寸。

（1）将文件尺寸更改为预设尺寸。新建文件后,单击工具箱中的"选择"工具,然后单击"页面尺寸"按钮,在下拉列表中可以选择预设尺寸,如图1-21所示。

页面尺寸

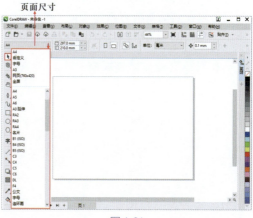

图 1-21

（2）将文件尺寸更改为自定义尺寸。先单击"绘图单位"按钮,在下拉列表中可以更改文件的单位;然后在"页面度量"中设置文件的尺寸,在□数值框内输入数值设置文件的宽度,在□数值框内输入数值设置文件的高度。设置完成后按Enter键,如图1-22所示。

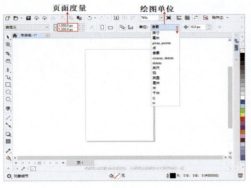
图 1-22

（3）单击窗口底部位于右侧的+按钮，可以在当前页后方新建页面，如图1-23所示。

图 1-23

（4）单击窗口底部位于左侧的+按钮，可以在当前页前方新建页面，如图1-24所示。

图 1-24

（5）想要删除某一个页面时，单击页面按钮右侧的倒三角按钮，在弹出的快捷菜单中执行"删除页面"命令即可，如图1-25所示。

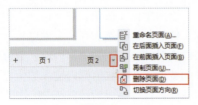
图 1-25

1.2.3 导入素材

在CorelDRAW中，向文件内添加素材的操作称为"导入"。进行平面设计时，经常会使用到很多外部素材，所以导入操作很常用。

（1）新建一个文件，执行"文件>导入"命令或者按Ctrl+I组合键，在弹出的"导入"窗口中选择要导入的素材，单击"导入"按钮，如图1-26所示。支持导入的文件格式有很多种，可以单击 所有文件格式 (*.*) 按钮进行查看。

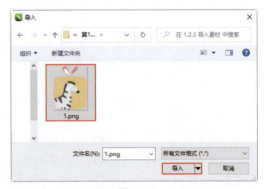
图 1-26

提示:

单击标准工具栏中的"导入"按钮也可以打开"导入"窗口。

（2）回到文件中，光标会显示文件尺寸等信息，此时单击即可将选中的对象导入文件中，如图1-27所示。

图 1-27

（3）在导入的过程中也可以调整导入对象的大小。在"导入"窗口中选择对象后，回到文件中可以按住鼠标左键进行拖曳，拖曳到合适的大小后释放鼠标左键，导入对象的大小与刚刚拖曳绘制的区域一样大，如图1-28所示。

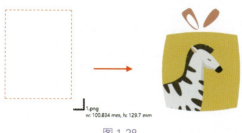

图 1-28

（4）另外，还可以通过拖曳的方式进行导入。首先选中导入的对象，按住鼠标左键向画面中拖曳，释放鼠标左键后即可完成导入操作，如图1-29所示。

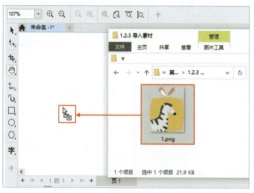

图 1-29

（5）选择工具箱中的"选择"工具 ，在对象上方单击即可将图形选中，如图1-30所示。

图 1-30

（6）按住鼠标左键拖曳即可移动对象的位置，如图1-31所示。

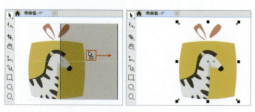

图 1-31

（7）经过一系列操作后，执行"编辑>撤销"命令或者按Ctrl+Z组合键可以撤销上一步操作。多次按快捷键可以连续进行撤销。

（8）如果错误地撤销了某一操作，可以执行"编辑>重做"命令或者按Ctrl+Shift+Z组合键，撤销的步骤将会被恢复。

提示：

单击标准工具栏中的"撤销"按钮 可以撤销错误操作；单击"重做"按钮 可以恢复撤销的操作。单击"撤销"或"重做"按钮右侧的 按钮，在弹出的下拉列表中可以选择需要撤销或重做的步骤，如图1-32所示。

图 1-32

1.2.4 保存文件

设计人员在制图过程中可能会遇到一些突发情况，如突然断电、计算机系统中断、临时有事打断工作等。为了避免突发情况，"保存"文件是至关重要的一个步骤。通常情况下会将文件保存为.cdr格式，这是CorelDRAW源文件的格式，可以在CorelDRAW中再次打开并编辑。

（1）执行"文件>保存"命令或者按Ctrl+S组合键，首先在弹出的"保存绘图"窗口中找到存储的位置。"文件名"选项用于设置文件名称，在其后输入文件名称即可。单击"保存类型"按钮，在下拉列表中选择文件保存的格式，这里选择.cdr格式。设置完成后单击"保存"按钮，如图1-33所示。

图 1-33

提示：

提示：

　　CorelDRAW软件有高低版本之分。高版本的软件可以打开低版本软件制作的文件，但低版本的软件将无法打开高版本软件制作的文件。在"保存绘图"窗口中，"版本"选项用于选择软件的版本，如图1-34所示。如果需要在其他计算机中打开该文件，可以选择一个相对低的版本，以确保更换设备后仍能够被正确打开。

图 1-34

　　（2）找到存储的位置，可以看到刚刚保存的cdr格式的文件，如图1-35所示。

图 1-35

1.2.5 导出其他格式

　　使用"保存"命令是将文件存储为下次可再次编辑的cdr格式源文件，而源文件保存后通常会保存一份方便预览、传输的通用图像格式文件，如JPEG、TIFF格式等。这时就需要使用到"导出"命令。

　　（1）执行"文件>导出"命令或者按Ctrl+E组合键，在弹出的"导出"窗口中找到存储的位置。在"文件名"后输入合适的名称。单击"保存类型"按钮，在下拉列表中选择.jpg格式。设置完成后单击"导出"按钮，如图1-36所示。

图 1-36

　　（2）此时会弹出"导出到JPEG"选项窗口，在该窗口中可以对"颜色模式""质量"等选项进行设置，最后单击OK按钮提交操作，如图1-37所示。

图 1-37

　　（3）找到存储的位置，可以看到保存的文件，如图1-38所示。

图 1-38

　　（4）采用同样的方式也可以将文件导出为其他格式。在"保存类型"下拉列表中找到其他常用的图像格式，如图1-39所示。

图 1-39

1.3 打开与关闭文件

1.3.1 打开已有的文件

　　如果想要继续完成之前的设计文件，就需要通过"打开"命令打开之前保存的cdr格式的文件。

　　（1）执行"文件>打开"命令或者按Ctrl+O组合键，在弹出的"打开绘图"窗口中选择要打开的文件，单击"打开"按钮，如图1-40所示。

图 1-40

　　（2）此时文件在软件中被打开，如图1-41所示。

图 1-41

　　（3）在"打开绘图"窗口中也可以一次性打开多个文件。按住Ctrl键单击加选多个文件，然后单击"打开"按钮，如图1-42所示。

图 1-42

　　（4）此时加选的多个文件都被打开了，但是文件窗口中只显示一个文件，将光标移动至文件名称上方单击，即可来回切换文件，如图1-43所示。

图 1-43

1.3.2 查看画面的不同区域

　　设计人员在制图过程中经常需要将画面放大以观察细节，此时可以通过"缩放"工具随时放大或缩小画面显示比例，还可以借助"平移"工具移动画面的显示位置。

　　（1）选择工具箱中的"缩放"工具 ，

单击属性栏中的"放大"按钮 ，每单击一次就会放大一定的倍数，如图1-44所示。

图 1-44

（2）窗口显示区域是有限的，画面的显示比例放大后，就会有未显示的区域。此时通过平移画布可以查看未显示的区域。选择工具箱中的"平移"工具，在画面中按住鼠标左键拖曳即可平移画布，如图1-45所示。

图 1-45

（3）若要缩小画面的显示比例，选择工具箱中的"缩放"工具，单击属性栏中的"缩小" 按钮即可，如图1-46所示。

图 1-46

提示：

不使用"缩放"工具，滚动鼠标滚轮也可以调整画面的显示比例。

1.3.3　关闭文件

单击文件名称右侧的"关闭"按钮 ，可以关闭所选文件，如图1-47所示。执行"文件>关闭"命令，也可以关闭当前所选的文件。

图 1-47

1.4　打印文件

设计稿件制作完成后经常需要打印出来，此时可以执行"文件>打印"命令，打开"打印"窗口。

（1）在"常规"选项卡中选择打印机，设置纸张大小、打印份数，如图1-48所示。

图 1-48

（2）单击其他选项卡，并在相应页面设置参数。例如，单击"布局"选项卡，设置图像的位置大小。设置完成后单击"打印"按钮进行打印，如图1-49所示。

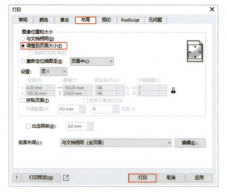

图 1-49

文件路径：资源包\案例文件第1章基础操作\扩展练习：向画面中导入合适的素材

案例效果如图1-50所示。

图 1-50

1. 项目诉求

本案例需要设计一幅以风光展示为主的海报，要求在版面中表现出优美宜人的景色，同时使用少量文字配合图像展示。

2. 设计思路

本案例已给定版面中需要使用的素材，需要通过打开、导入、保存、导出等操作将素材组合成完整的画面并进行保存和导出。

3. 配色方案

画面的主体部分为海景图像，以蓝色为主，版面色彩相对比较简单。要想在这样的版面中添加文字，就需要注意文字与背景之间的明度差异，避免出现因明度相近而产生的文字信息模糊不清的问题。在蓝色背景下，白色的文字是比较好的选择，同时也能与白云相互呼应。除了主图之外，背景部分可以选择明度更低的色彩，这样可以更好地凸显主图的内容。本案例的配色如图1-51所示。

图 1-51

4. 项目实战

（1）执行"文件>打开"命令，在弹出的"打开绘图"窗口中选择素材1（1.cdr），接着单击"打开"按钮，如图1-52所示。

图 1-52

（2）此时素材1在软件中被打开，如图1-53所示。

图 1-53

（3）执行"文件>导入"命令，在打开的"导入"窗口中选择素材2（2.jpg），接着单击"导入"按钮，如图1-54所示。

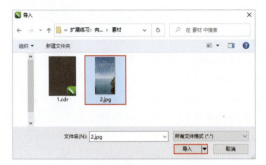

图 1-54

（4）在文件中按住鼠标左键拖曳，以控制导入对象的大小，如图1-55所示。

图 1-55

（5）释放鼠标左键即可将素材2导入，接着选择工具箱中的"选择"工具，选中素材2后按住鼠标左键将其拖曳到画面的中央位置，如图1-56所示。

图 1-56

（6）素材的位置调整完成后，效果如图1-57所示。

图 1-57

（7）文件制作完成后，执行"文件>保存"命令，选择合适的存储位置，设置文件名，然后单击"保存"按钮，如图1-58所示。

图 1-58

（8）当前文件被存储为.cdr格式的工程文件，以后需要重新编辑画面时，可以在CorelDRAW中打开该文件，如图1-59所示。

图 1-59

（9）执行"文件>导出"命令，设置文件的存储位置，并设置保存类型为JPG，然后单击"导出"按钮，如图1-60所示。

图 1-60

（10）此时可以看到JPG格式的图像，案例完成效果如图1-61所示。

图 1-61

1.6 课后习题

1 选择题

1. 若要将外部文件添加到CorelDRAW文件中，应使用哪个命令？（　　）
   A. 新建　　　　B. 导入
   C. 保存　　　　D. 导出

2. 在CorelDRAW中，要将文件另存为其他格式，应使用哪个命令？（　　）
   A. 新建　　　　B. 导入
   C. 保存　　　　D. 导出

3. 在CorelDRAW中，要放大画面以查看文件的局部细节区域，应使用哪个工具或命令？（　　）
   A. "缩放"工具
   B. "平移"工具
   C. 关闭命令
   D. 打印命令

2 填空题

1. 在CorelDRAW中，要打开一个已有的文件，可以使用（　　）组合键。
2. 若要关闭当前打开的文件，可以使用文件菜单下的（　　）命令。

3 判断题

1. "缩放"工具可以用于放大或缩小文件视图。（　　）
2. 执行"文件>关闭"命令会退出CorelDRAW程序。（　　）

课后实战

• 简单的图像排版

任意选择3张主题一致的图片，运用本章所学的知识进行简单的排版。版面形式不限，版面尺寸为A4，横版、竖版均可，图片素材不限。

第2章
初级绘图

CorelDRAW 是一款强大的矢量绘图软件，它提供了多种绘图工具，如"矩形"工具、"椭圆"工具、"两点线"工具、"B样条"工具等。用户使用这些工具可以非常轻松地绘制出常见的图形。本章还将介绍改变图形形状的工具，如"平滑"工具、"涂抹"工具、"转动"工具等。

本章要点

📖 **知识要点**

❖ 熟练掌握绘制几何图形的方法；

❖ 掌握绘制简单线条的方法；

❖ 掌握改变图形形状的方法。

2.1 绘制几何图形

CorelDRAW的工具箱中有多个可用于绘制几何图形的工具组，用户通过其中的工具可以轻松绘制如方形、圆形、多边形、星形等简单常见的几何图形，如图2-1所示。

图 2-1

2.1.1 绘制矩形

使用"矩形"工具□可以绘制长方形与正方形；使用"3点矩形"工具□可以绘制倾斜的矩形。用户还可以通过更改转角类型，创建出圆角矩形、扇形角矩形和倒棱角矩形。

（1）绘制矩形。选择工具箱中的"矩形"工具□，在画面中按住鼠标左键拖曳，释放鼠标左键即可得到一个矩形，如图2-2所示。

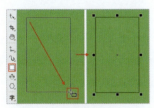

图 2-2

（2）在拖曳的过程中按住Ctrl键可以绘制出正方形，如图2-3所示。

图 2-3

（3）绘制好图形后，在属性栏中可以设置图形的精确位置、大小、缩放比例及旋转角度，如图2-4所示。

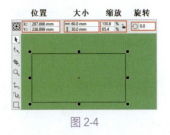

图 2-4

（4）双击工具箱中的"矩形"工具按钮，即可快速绘制一个与画板等大的矩形，如图2-5所示。

图 2-5

（5）绘制倾斜的矩形。选择工具箱中的"3点矩形"工具，在画面中按住鼠标左键拖曳控制矩形的宽度，接着向另外的方向拖曳控制矩形的高度，最后单击完成倾斜矩形的绘制，如图2-6所示。

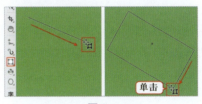

图 2-6

（6）更改转角类型。选中矩形，单击"圆角"按钮□，确保"同时编辑所有角"为锁定状态🔒，然后在数值框内输入数值，按Enter键提交操作。此时矩形的4个角变为圆角，如图2-7所示。

图 2-7

（7）分别对矩形的每个角进行单独的调整。单击"同时编辑所有角"按钮，使其处于解锁状态🔓，然后分别在4个数值框内输入数值，效果如图2-8所示。

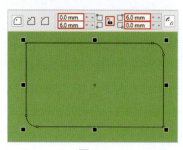

图 2-8

提示：
使用"形状"工具✎拖曳黑色的控制点，可以调整矩形的转角半径，如图2-9所示。

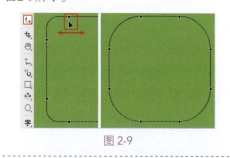

图 2-9

（8）选中矩形后，如果单击属性栏中的"扇形角"按钮◠，即可得到扇形角矩形；如果单击属性栏中的"倒棱角"按钮◣，即可得到倒棱角矩形，如图2-10所示。

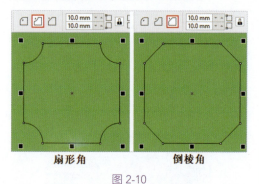

扇形角　　　　　　　　倒棱角

图 2-10

（9）将图形"转换为曲线"后，图形的属性会消失。例如，选中一个矩形，右击执行"转换为曲线"命令或者按Ctrl+Q组合键，如图2-11所示。

图 2-11

（10）使用"选择"工具选中矩形，可以看到设置转角类型的选项消失了。如果使用"形状"工具拖曳节点则矩形会发生变形，如图2-12所示。

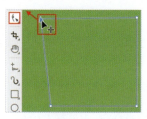

图 2-12

2.1.2 绘制椭圆形

使用"椭圆形"工具可以绘制椭圆形和正圆；使用"3点椭圆形"工具可以绘制倾斜的圆形。

（1）绘制圆形。选择工具箱中的"椭圆形"工具◯，在画面中按住鼠标左键拖曳，释放鼠标左键即可得到圆形，如图2-13所示。

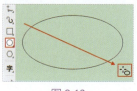

图 2-13

（2）在绘制过程中按住Ctrl键拖曳鼠标，可以绘制出正圆，如图2-14所示。

图 2-14

（3）绘制倾斜的圆形。选择工具箱中的"3点椭圆形"工具 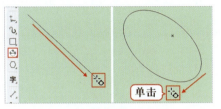，按住鼠标左键拖曳，释放鼠标左键后接着向另外的方向拖曳鼠标，然后单击完成椭圆形的绘制，如图2-15所示。

图 2-15

（4）选中圆形，单击属性栏中的"饼图"按钮 ⬚，此时圆形变为饼图，如图2-16所示。

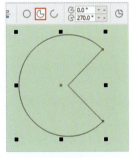

图 2-16

（5）在属性栏中更改饼图的起点和终点的位置。在 150.0° 数值框内输入饼图起点的位置，在 100.0° 数值框内输入饼图终点的位置。数值输入完成后按Enter键提交操作，如图2-17所示。

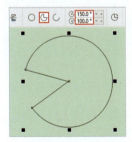

图 2-17

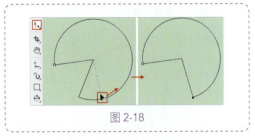

图 2-18

（6）选中饼图，单击属性栏中的"更改方向"按钮 ⬚，即可切换饼图或弧形的方向，如图2-19所示。

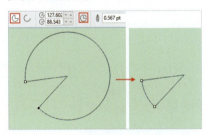

图 2-19

（7）选中圆形，单击属性栏中的"弧形"按钮 ⬚，此时圆形变为弧形，如图2-20所示。其编辑方式与饼图的编辑方式相同。

图 2-20

（8）调色板位于窗口右侧，由一个个色块组成。选中图形，单击色块即可为其填充该颜色，如图2-21所示。

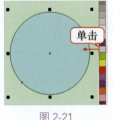

图 2-21

（9）如果要更改轮廓颜色，可以选中图形后右击色块。在属性栏中设置"轮廓宽度"可以更改轮廓线条的粗细，如图2-22所示。

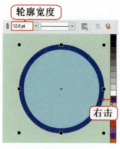

图 2-22

（10）选中带有轮廓的图形，单击属性栏中的"线条样式"倒三角按钮，在下拉列表中选择样式可以制作虚线外观，如图2-23所示。

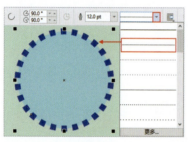

图 2-23

（11）填充和轮廓都可以去除。选中图形，单击调色板顶部的⊘按钮即可去除填充，如图2-24所示。

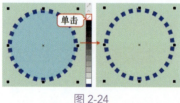

图 2-24

（12）选中图形，右击调色板顶部的⊘按钮即可去除轮廓，如图2-25所示。

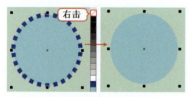

图 2-25

2.1.3 绘制多边形

使用"多边形"工具能够绘制三边和三边以上的多边形。

（1）选择工具箱中的"多边形"工具◯，在属性栏中的"点数或边数"数值框内输入数值，设置多边形的边数，接着在画面中按住鼠标左键拖曳，释放鼠标左键后即完成多边形的绘制，如图2-26所示。

图 2-26

（2）多边形绘制完成后，也可以更改边数。选中多边形，在属性栏中的"点数或边数"数值框内输入新的数值，然后按Enter键提交操作即可更改边数，如图2-27所示。

图 2-27

（3）多边形绘制完成后，选择工具箱中的"形状"工具，按住鼠标左键拖曳任意一个控制点，释放鼠标左键后即可将多边形转换为星形，如图2-28所示。

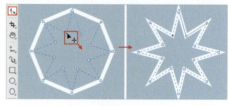

图 2-28

（4）选择工具箱中的"选择"工具▶，在图形上单击即可将图形选中，如图2-29所示。

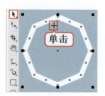

图 2-29

（5）如果要同时选中多个图形，可以按住Shift键单击加选图形，如图2-30所示。

图 2-30

（6）如果要取消对某个对象的选择，只需要在画面的空白位置单击即可。如果要在选择多个对象的状态下取消对某个对象的选择，则需要按住Shift键单击。

提示：

　　通过"框选"的方式也可以进行多选。在图形的外侧位置按住鼠标左键拖曳，绘制范围内的对象将被选中，如图2-31所示。

图 2-31

（7）使用"选择"工具选中图形后，按住鼠标左键拖曳，释放鼠标左键后即完成图形的移动操作，如图2-32所示。

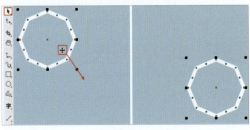

图 2-32

2.1.4　绘制星形

　　使用"星形"工具可以绘制两种星形：一种是常规星形；另一种是复杂星形。

（1）选择工具箱中的"星形"工具☆，单击属性栏中的"星形"按钮，在"点数或边数"数值框内输入数值定义星形的角数，这里设置数值为5；在"锐度"数值框内输入数值定义星形每个角的尖锐程度，这里设置数值为50。设置完成后在画面中按住Ctrl键并按住鼠标左键拖曳绘制正五角星，如图2-33所示。

图 2-33

（2）选中星形，在"点数或边数"和"锐度"数值框内输入数值可以更改星形效果，如图2-34所示。

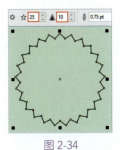

图 2-34

（3）选中绘制的星形，接着选择工具箱中的"形状"工具，向内或向外拖曳控制点可以更改角的锐度，如图2-35所示。

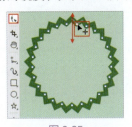

图 2-35

（4）选中图形，执行"编辑>复制"命令或者按Ctrl+C组合键进行复制，接着按Ctrl+V组合键进行粘贴。此时，粘贴的对象与原对象重叠在一起，移动图形位置即可看到，如图2-36所示。

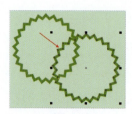

图 2-36

（5）选中一个图形，执行"编辑>剪切"命令或者按Ctrl+X组合键进行剪切，此时选中的对象"消失"了，接着可以新建一个空白文件，按Ctrl+V组合键进行粘贴，完成操作，如图2-37所示。

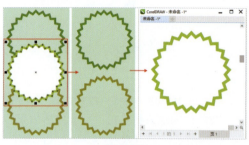

图 2-37

（6）选中图形，按住鼠标左键拖曳移动图形位置，移动至目标位置后右击，即可完成移动并复制的操作，如图2-38所示。

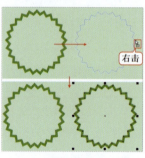

图 2-38

（7）在选中复制的图形的状态下，执行"编辑>再制"命令或者按Ctrl+D组合键，即可按照刚刚移动的距离复制并移动该图形，如图2-39所示。

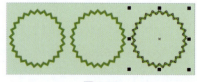

图 2-39

（8）如果移动并复制后调整图形大小，

接着进行"再制"，则会以设定的规律移动并复制后进行缩小，如图2-40所示。

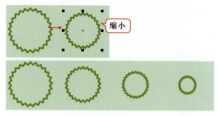

图 2-40

（9）选中一个图形，按Delete键即可将其删除，如图2-41所示。

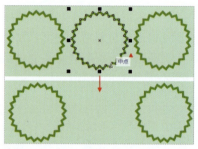

图 2-41

（10）绘制复杂星形。选择工具箱中的"星形"工具，单击属性栏中的"复杂星形"按钮 ，设置合适的"点数或边数"和"锐度"，然后在画面中按住鼠标左键拖曳即可绘制复杂星形，如图2-42所示。

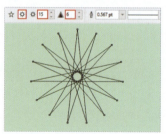

图 2-42

2.1.5 绘制常见的形状

"常见形状"工具中提供了多种常见的图形，用户可以从中选择合适的图形并应用到画面中。

（1）选择工具箱中的"常见形状"工具 ，单击属性栏中的常用形状按钮，在下拉面板中选择形状，这里选择心形，然后在画面中按住鼠标左键拖曳进行绘制，如图2-43所示。

图 2-43

（2）一些形状绘制完成后可以看到红色的控制点 ◆，拖曳控制点可以对图形进行变形，如图2-44所示。

图 2-44

（3）更改图形大小。选中图形后，图形外侧有8个控制点，将光标移动到角点位置的控制点，按住鼠标左键拖曳就可以进行等比放大或缩小，如图2-45所示。

图 2-45

（4）将光标移动到中间位置的控制点拖曳可以进行不等比的缩放，如图2-46所示。

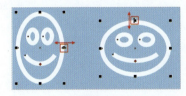

图 2-46

（5）旋转图形。在图形上方双击，图形四周变为旋转和倾斜的控制点。将光标移动到角点位置，此时光标呈 ↻ 状，按住鼠标左键拖曳即可进行旋转，如图2-47所示。

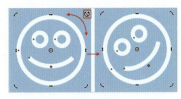

图 2-47

（6）默认旋转时中心点位于图形的中央位置，将光标移动到中心点上方，按住鼠标左键拖曳即可移动中心点的位置，接着进行旋转即可看到图形围绕新的中心点旋转，如图2-48所示。

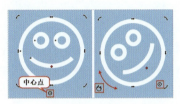

图 2-48

（7）将光标移动到中间位置的控制点，此时光标变为 ⇌ 状，按住鼠标左键拖曳即可进行斜切变形，如图2-49所示。

图 2-49

2.1.6 使用"冲击效果"工具

使用"冲击效果"工具可以绘制出放射状线条或水平排列的线条。

（1）选择工具箱中的"冲击效果"工具 🗲，在属性栏中设置样式为"辐射"，然后在画面中按住鼠标左键拖曳进行绘制。绘制完成后可以看到由内向外的线条放射的效果，如图2-50所示。

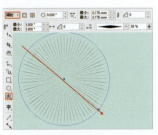

图 2-50

（2）选中冲击效果图形，"线宽"选项用于设置线条的粗细，输入数值后查看效果，如图2-51所示。

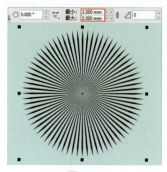

图 2-51

（3）选中冲击效果图形，单击属性栏中的"线条样式"按钮，在下拉列表中可以更改线条的样式，从而更改冲击效果图形的外观，如图2-52所示。

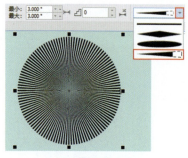

图 2-52

（4）选中冲击效果图形，在属性栏中更改样式为"平行"，此时线条为水平排列，如图2-53所示。

图 2-53

2.1.7　绘制图纸

使用"图纸"工具可以绘制出不同行/列数的网格对象。

（1）选择工具箱中的"图纸"工具，属性栏中的选项用于设置网格的列数，选项用于设置网格的行数。接着按住鼠标左键拖曳进行绘制，释放鼠标左键后即完成绘制，如图2-54所示。

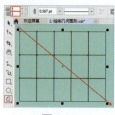

图 2-54

（2）图纸图形是由一个个矩形组合而成的，将其"取消编组"后可以提取出单个的矩形。选中图纸图形，执行"对象>组合>取消群组"或者按Ctrl+U组合键即可取消编组，然后使用"选择"工具即可选中单个矩形，如图2-55所示。

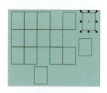

图 2-55

2.1.8　实操：使用简单图形组成播放器按钮

文件路径：资源包\案例文件\第2章初级绘图\实操：使用简单图形组成播放器按钮

案例效果如图2-56所示。

图 2-56

1. 项目诉求

本案例需要设计音视频播放器界面中的一组按钮。按钮的设计要求简洁大方，并具有引导性、识别性与可操作性。

2. 设计思路

相较于矩形的锐利感与圆形的柔和感，正六边形的轮廓更加温和、灵动，有助于提高和增加界面的趣味性与记忆点。为了突出其简单、易操作的特点，按钮采用了扁平化的表现手法。然而，单一的图形过于单调，因此在图形外侧添加了一个颜色稍浅的轮廓，以丰富其层次。

3. 配色方案

本案例中的按钮使用了两种纯度不同的紫色与白色进行搭配，两种紫色作为按钮的底色，形成梦幻、柔和的同类色搭配。在此基础上使用白色的扁平化图形点明按钮功能，利用明度的差异使按钮功能更加明确。本案例的配色如图2-57所示。

图 2-57

4. 项目实战

（1）执行"文件>新建"命令，新建一个A4大小的横向文件，设置完成后单击"OK"按钮，如图2-58所示。

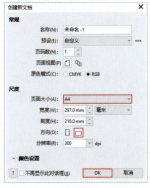

图 2-58

（2）双击工具箱中的"矩形"工具按钮，绘制一个与画板等大的矩形，如图2-59所示。

图 2-59

（3）在矩形被选中的状态下，双击界面底部的"编辑填充"按钮，在弹出的窗口中单击"均匀填充"，选中"颜色查看器"选项，然后选择一种合适的蓝色，单击"OK"按钮，如图2-60所示。

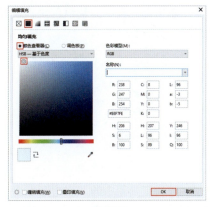

图 2-60

（4）在矩形被选中的状态下，在右侧调色板中右击"无"按钮，去除轮廓色，如图2-61所示。

图 2-61

（5）选择工具箱中的"多边形"工具，在属性栏中设置"边数"为6，接着在画面中按住Ctrl键的同时按住鼠标左键拖曳绘制一个六边形，如图2-62所示。

图 2-62

（6）选中多边形，右击调色板中的淡紫色按钮，设置轮廓色为淡紫色，接着在属性栏中设置"轮廓宽度"为25.0px，如图2-63所示。

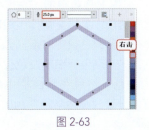

图 2-63

（7）单击调色板中的紫色色块，设置填充为紫色，如图2-64所示。

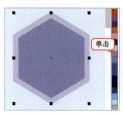

图 2-64

（8）选择工具箱中的"多边形"工具，在属性栏中设置"边数"为3，接着在六边形中按住Ctrl键的同时按住鼠标左键拖曳，绘制一个三角形，然后在右侧调色板中右击"无"按钮去除轮廓色，单击白色按钮，设置填充色为白色，如图2-65所示。

图 2-65

（9）使用"选择"工具在三角形上方单击，使图形四周出现用于旋转的控制框。将光标移动到角点位置的控制点上，当光标为↻状后按住鼠标左键拖曳进行旋转，如图2-66所示。

图 2-66

（10）选择工具箱中的"矩形"工具，在三角形右侧按住鼠标左键拖曳绘制一个矩形，接着在右侧调色板中右击"无"按钮去除轮廓色，单击调色板中的白色按钮，设置填充色为白色，然后在属性栏中单击"圆角"按钮，设置"圆角半径"为0.2mm，如图2-67所示。

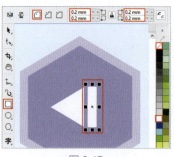

图 2-67

（11）选中六边形，按住鼠标左键向右侧拖曳至合适位置右击，将六边形移动并复制一份，如图2-68所示。

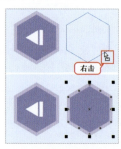

图 2-68

（12）在复制的多边形被选中的状态下，按5次Ctrl+D组合键进行再制，如图2-69所示。

图 2-69

（13）继续绘制其他图标，案例完成效果如图2-70所示。

图 2-70

2.2 绘制线条

CorelDRAW中有多种可用于绘制线条的工具，除了多边形工具组中的"螺纹"工具外，还有手绘工具组中的多种线条绘制工具，如图2-71所示。本节介绍几种常用的简单线条的绘制方法。

图 2-71

2.2.1 使用"2点线"工具

使用"2点线"工具可以绘制任意角度的直线段，还可以绘制出垂直于图形的垂直线及与圆形相切的切线段。

（1）选择工具箱中的"2点线"工具，接着在画面中按住鼠标左键拖曳，释放鼠标左键后即完成直线的绘制。绘制完成后可以更改轮廓色、轮廓宽度等属性，如图2-72所示。

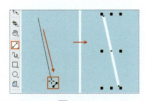

图 2-72

（2）将光标移动至路径的末端，光标变为状后按住鼠标左键继续绘制，此时新的路径会与上一段路径相连形成折线，如图2-73所示。

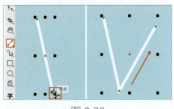

图 2-73

（3）绘制一段直线后，单击属性栏中的"垂直2点线"按钮，将光标移动至已有的直线段上，按住鼠标左键拖曳绘制直线，新的路径会垂直于原有线段，如图2-74所示。

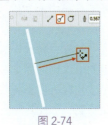

图 2-74

（4）绘制一个圆形，选择"2点线"工具，然后单击属性栏中的"相切的2点线"按钮，将光标移动至圆形边缘，按住鼠标左键拖曳即可绘制一条与圆相切的线段，如图2-75所示。

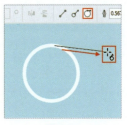

图 2-75

2.2.2 使用"B样条"工具

使用"B样条"工具可以绘制平滑的曲线或图形。

（1）选择工具箱中的"B样条"工具，在画面中单击，3个点会形成一段曲线，如图2-76所示。

图 2-76

（2）继续以单击的方式绘制曲线，在转折位置单击。如果绘制得不理想也没有关系，只需绘制大致轮廓即可。将光标移动至起始位置，光标变为状即可闭合路径，如图2-77所示。

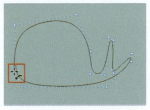

图 2-77

提示：

如果使用"B样条"工具绘制开放路径，只需按Enter键即可结束路径的绘制。

（3）选择工具箱中的"形状"工具，在路径上单击即可显示控制点，拖曳控制点即可调整路径的走向，如图2-78所示。

图2-78

（4）图形调整完成后可以填充颜色并进行修饰，效果如图2-79所示。

图2-79

2.2.3 使用"折线"工具

使用"折线"工具可以绘制折线，也可以绘制曲线。

（1）选择工具箱中的"折线"工具，在画面中单击，然后在下一个位置单击，此时两个点之间形成一段直线，继续在下一个位置单击形成一段折线，如图2-80所示。

（2）继续以单击的方式绘制折线，按Enter键提交即完成折线的绘制，如图2-81所示。

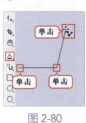

图2-80　　　　图2-81

（3）在绘制折线时，按住鼠标左键拖曳可以绘制任意形状的路径，如图2-82所示。

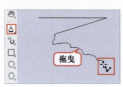

图2-82

（4）使用"折线"工具按住Alt键单击可以绘制有规律的弧线路径，如图2-83所示。

图2-83

2.2.4 使用"3点曲线"工具

使用"3点曲线"工具可以快速绘制一条弧线。

（1）选择工具箱中的"3点曲线"工具，在绘图区按住鼠标左键拖曳，松开鼠标左键后向另一个方向移动光标，单击即可完成曲线的绘制，如图2-84所示。

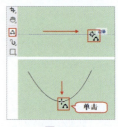

图2-84

（2）在绘制曲线的过程中，按住Ctrl键拖曳可以绘制规则的弧线，如图2-85所示。

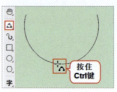

图2-85

2.2.5 使用"螺纹"工具

使用"螺纹"工具可以绘制螺旋线。

（1）选择工具箱中的"螺纹"工具，属性栏中的"螺纹回圈"选项用于设置螺纹的圈数；单击"对称式螺纹"按钮，选择该样式后所绘制的螺纹回圈距离相等。设置完成后在画面中按住鼠标左键拖曳，释放鼠标左键后即完成绘制，如图2-86所示。

图 2-86

（2）如果选择"对数螺纹"样式，可以通过更改"螺纹扩展参数"数值来更改螺纹向外扩展的速率，如图2-87所示。

图 2-87

2.2.6 **实操：日用品电商平台主图**

文件路径：资源包\案例文件\第2章初级绘图\实操：日用品电商平台主图

案例效果如图2-88所示。

图 2-88

1. 项目诉求

本案例需要为电商平台制作日用品主图。主图设计要求符合电商平台的版面规范，同时应尽可能地突出产品特点；还要求注意广告的表现力与产品的辨识度，以提高广告效果。

2. 设计思路

该广告旨在展现产品的外观及所用的原材料。由于主图的版面有限，因此以较大的比例展示产品，直观地表现出其主体地位，更好地吸引观者的目光。画面采用了纯色背景，力求使观者的注意力可以集中于产品上。

3. 配色方案

产品与文字以白色作底，白色与深蓝色

背景形成强烈的明暗对比，使版面主体物形成向前凸出的视觉效果，更加夺人眼球。粉色的包装与绿色的芦荟则丰富了整个画面的色彩，使画面更显鲜活、明快。本案例的配色如图2-89所示。

图 2-89

4. 项目实战

（1）执行"文件>新建"命令，在弹出的"创建新文档"窗口中设置"原色模式"为RGB、单位为"像素"、"宽度"为800.0px、"高度"为800.0px，设置完成后单击"OK"按钮，如图2-90所示。

图 2-90

（2）双击工具箱中的"矩形"工具按钮，绘制一个与画板等大的矩形，在右侧调色板中右击"无"按钮去除轮廓色，单击海军蓝设置填充色为海军蓝色，如图2-91所示。

图 2-91

（3）选择工具箱的"矩形"工具，在画面中绘制一个矩形，接着在右侧调色板中设置填充色为白色、轮廓色为无。在属性栏中单击"圆角"按钮，设置"圆角半径"为24.0px，如图2-92所示。

图 2-92

（4）继续使用"矩形工具"在圆角矩形上方绘制一个白色矩形，如图2-93所示。

图 2-93

（5）选择工具箱中的"2点线"工具，在白色矩形左侧按住Shift键的同时按住鼠标左键拖曳绘制一条直线，接着在右侧调色板中右击海军蓝，设置"轮廓色"为海军蓝色，然后在属性栏中设置"轮廓宽度"为3.0px，如图2-94所示。

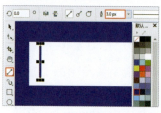

图 2-94

（6）继续使用"2点线"工具绘制其他直线，如图2-95所示。

图 2-95

（7）选择工具箱中的"矩形"工具，在直线之间绘制一个矩形，并设置"填充色"为海军蓝色、"轮廓色"为无，如图2-96所示。

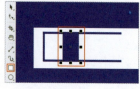

图 2-96

（8）执行"文件>打开"命令，在弹出

的"打开绘图"窗口中选择素材3（3.crd），接着单击"打开"按钮，如图2-97所示。

图 2-97

（9）在打开的文件中，使用"选择"工具选择一组文字，按Ctrl+C组合键进行复制，如图2-98所示。

图 2-98

（10）回到当前操作的文件，按Ctrl+V组合键进行粘贴，并将其摆放在白色矩形上，如图2-99所示。

图 2-99

（11）执行"文件>导入"命令，在打开的"导入"窗口中选择素材1，接着单击"导入"按钮，如图2-100所示。

图 2-100

（12）在文件中按住鼠标左键拖曳，导入素材1（1.png），如图2-101所示。

图 2-101

（13）使用同样的方法导入素材2
（2.png），并摆放在画面的合适位置，如
图2-102所示。

图 2-102

（14）选择工具箱中的"2点线"工具，
在两个素材之间按住Shift键的同时按住鼠标
左键拖曳绘制一条直线，接着在右侧调色板
中右击20%黑，设置"轮廓色"为浅灰色，
然后在属性栏中设置"轮廓宽度"为2.0px，
如图2-103所示。

图 2-103

（15）在打开的文件3中，使用"选择"
工具选择文字，按Ctrl+C组合键进行复制，
接着回到当前操作文件，按Ctrl+V组合键
进行粘贴，并将其摆放在合适的位置，如
图2-104所示。

图 2-104

（16）选择工具箱中的"常见形状"工
具，在属性栏中单击"常用形状"按钮，在
下拉面板中选择水滴形状。接着在画面中按
住鼠标左键拖曳绘制图形，并在调色板中设
置"填充色"为海军蓝色、"轮廓色"为无，
如图2-105所示。

图 2-105

（17）案例完成后的效果如图2-106所示。

图 2-106

2.3 改变图形的形态

对于绘制好的图形，还可以通过变形来
创造出其他形态的图形。展开工具箱中的
"形状"工具所在的工具组，其中的工具都
可方便地更改图形的形状，如图2-107所示。

图 2-107

2.3.1 使用"平滑"工具

使用"平滑"工具能够使转折明显
的路径变得圆润、平滑。

选中图形，选择工具箱中的"平滑"工
具，属性栏中的"笔尖半径"选项用于设置
笔尖的大小；"速度"选项用于设置平滑的
幅度。设置完成后在路径上方按住鼠标左键

拖曳，拖曳的次数越多平滑效果越明显，如图2-108所示。

图 2-108

2.3.2　使用"涂抹"工具

使用"涂抹"工具沿对象轮廓拖曳可以使对象产生变形的效果。

（1）选中图形，选择工具箱中的"涂抹"工具，在控制栏中设置合适的"笔尖半径"和"压力"，单击"平滑涂抹"按钮，接着在图形上方按住鼠标左键拖曳，释放鼠标左键后即完成涂抹变形操作，此时可以看到轮廓平滑的变形效果，如图2-109所示。

图 2-109

（2）如果单击"尖状涂抹"按钮，按住鼠标左键拖曳进行变形，涂抹的效果为尖角的曲线，如图2-110所示。

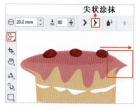

图 2-110

2.3.3　使用"转动"工具

使用"转动"工具可以使对象产生旋转扭曲变形的效果。

（1）选中图形，选择工具箱中的"转动"工具，设置合适的"笔尖半径"。属性栏中的"速度"选项用于设置转动变形的速度，数值越大，转动速度越快。单击"逆时针转动"按钮，接着在图形上方按住鼠标左键拖曳进行转动，此时图形产生逆时针变形，如图2-111所示。

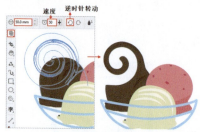

图 2-111

（2）单击"顺时针转动"按钮，图形则产生顺时针变形，效果如图2-112所示。

图 2-112

2.3.4　使用"吸引和排斥"工具

"吸引和排斥"工具包括"吸引"和"排斥"两种模式。在"吸引"模式下可以将节点向内收缩，在"排斥"模式下可以将节点向外膨胀。

（1）选中图形，选择工具箱中的"吸引和排斥"工具，单击属性栏中的"吸引"工具按钮，接着设置合适的"笔尖半径"和"速度"。然后在图形上方按住鼠标左键拖曳，释放鼠标左键后可以看到此处的路径向内收缩，如图2-113所示。

图 2-113

（2）单击属性栏中的"排斥"工具按钮
，在图形上方按住鼠标左键拖曳，释放鼠标左键后可以看到此处的路径向外膨胀，如图2-114所示。

图 2-114

2.3.5 使用"弄脏"工具

使用"弄脏"工具沿对象轮廓拖曳可以改变对象的形状。

（1）选中图形，选择工具箱中的"弄脏"工具，设置合适的"笔尖半径"。属性栏中的"笔倾斜"选项用于设置笔尖的圆度。将光标移动至图形内部，按住鼠标左键向图形外侧拖曳，释放鼠标左键后可以看到图形的形状发生了改变，如图2-115所示。

笔倾斜

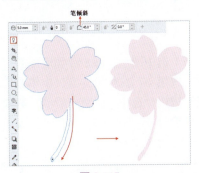

图 2-115

（2）使用"弄脏"工具进行绘制变形，如图2-116所示。

图 2-116

（3）如果从图形外部向内涂抹，释放鼠标左键后光标经过的位置将从原图中减去，如图2-117所示。

图 2-117

2.3.6 使用"粗糙"工具

使用"粗糙"工具能够使图形边缘产生凹凸不平的锯齿效果。

（1）选中图形，选择工具箱中的"粗糙"工具，设置合适的"笔尖半径"。属性栏中的"尖突的频率"用于设置粗糙区域尖突对象的频率，数值越大，尖突对象越多。接着在图形边缘按住鼠标左键拖曳，如图2-118所示。

（2）释放鼠标左键后即完成变形操作，如图2-119所示。

尖突的频率

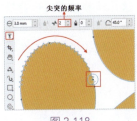

图 2-118　　　　图 2-119

2.4 扩展练习：教育机构画册封面

文件路径：资源包\案例文件\第2章初级绘图\扩展练习：教育机构画册封面

案例效果如图2-120所示。

图 2-120

1. 项目诉求

本案例需要为儿童教育机构设计宣传画册封面，要求画册封面展示教育机构的核心主题和特点，如课程、理念、师资力量等，确保主题与机构的教育内容保持一致。

2. 设计思路

由于教育机构的主要用户群体为儿童，因此画册封面应采用符合儿童喜好的风格，简单的图形结合明快的色彩、搭配高质量的图片展示教育机构的活动。同时要在封面上提供教育机构简介或课程亮点，使读者能够快速了解教育机构的特色和优势。

3. 配色方案

以儿童为主要用户群体的教育机构宣传画册应选择温和、稳重的色彩搭配，体现教育机构的专业性和稳定性。同时，应使用一些明亮的色彩来增加活力和吸引力。

本案例使用了稍浅的红色与浅橙色、淡蓝色与青绿色两组邻近色进行搭配，形成了一定的冷暖对比。这几种颜色在白色背景的衬托下具有朝气、活力等积极的象征意义，同时也营造出轻松、愉悦的氛围。本案例的配色如图2-121所示。

图 2-121

4. 项目实战

（1）执行"文件>新建"命令，新建一个A4大小的纵向文件，设置完成后单击"OK"按钮，如图2-122所示。

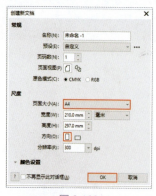

图 2-122

（2）执行"文件>导入"命令，在打开的"导入"窗口中选择素材1，接着单击"导入"按钮，如图2-123所示。

图 2-123

（3）在文件中按住鼠标左键拖曳，导入素材1，如图2-124所示。

（4）选择工具箱中的"常见形状"工具，单击属性栏中的"常用形状"按钮，在下拉面板中选择三角形状，接着在画面左上角按住鼠标左键拖曳绘制图形，如图2-125所示。

图 2-124

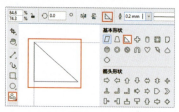

图 2-125

（5）选中图形，双击界面底部的"编辑填充"按钮 ，在弹出的窗口中单击"均匀填充"按钮，选中"颜色查看器"选项，选择一种合适的红色，单击"OK"按钮，如图2-126所示。

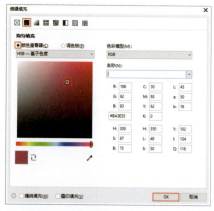

图 2-126

（6）选中图形，在右侧调色板中右击"无"按钮去除轮廓色，如图2-127所示。

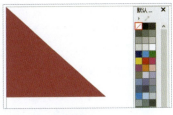

图 2-127

（7）在图形被选中的状态下，单击属性栏中的"垂直镜像"按钮，此时图形被垂直翻转，如图2-128所示。

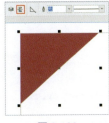

图 2-128

（8）选择工具箱中的"椭圆形"工具，在画面中按住Ctrl键的同时按住鼠标左键拖曳绘制一个正圆，如图2-129所示。

图 2-129

（9）选中图形，双击界面底部的"编辑填充"按钮 ，在弹出的窗口中单击"均匀填充"按钮，选中"颜色查看器"选项，选择一种合适的蓝色，单击"OK"按钮，如图2-130所示。

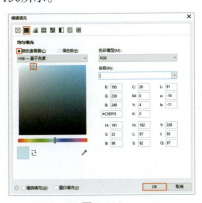

图 2-130

（10）选中正圆，在调色板中右击"无"按钮去除轮廓色，如图2-131所示。

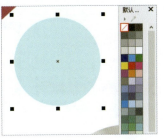

图 2-131

（11）继续使用"椭圆形"工具绘制其他正圆，如图2-132所示。

（12）选择工具箱中的"矩形"工具，在画面中按住鼠标左键拖曳绘制一个矩形，单击属性栏中的"圆角"按钮，设置"圆角半径"为10.0mm，如图2-133所示。

图 2-132

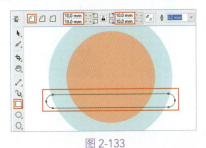

图 2-133

（13）选中圆角矩形，双击界面底部的"编辑填充"按钮 ，在弹出的窗口中单击"均匀填充"按钮，选中"颜色查看器"选项，选择一种合适的红色，单击"OK"按钮，如图2-134所示。

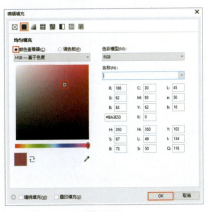

图 2-134

（14）在右侧调色板中右击橘红色，设置"轮廓色"为橘红色，如图2-135所示。

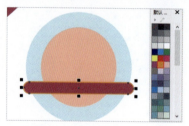

图 2-135

（15）选择工具箱中的"多边形"工具 ⬠，在属性栏中设置"边数"为3，接着在画面素材1（1.png）上方按住鼠标左键拖曳绘制一个三角形，并设置"填充色"为橘红色，去除轮廓色，如图2-136所示。

图 2-136

（16）使用同样的方法绘制其他图形，并摆放在画面的合适位置，如图2-137所示。

图 2-137

（17）选择工具箱中的"矩形"工具 ⬜，在画面底部绘制一个矩形，设置"填充色"为宝石红色，并去除轮廓色，如图2-138所示。

图 2-138

（18）选中矩形，选择工具箱中的"粗糙"工具，在属性栏中设置"笔尖半径"为25.0mm、"尖突的频率"为1，接着在矩形边缘涂抹，如图2-139所示。

图 2-139

（19）释放鼠标左键后，矩形粗糙化效果如图2-140所示。

图 2-140

（20）选中矩形，选择工具箱中的"平滑"工具 ✐，在属性栏中设置"笔尖半径"为50.0mm，接着在图形边缘涂抹使图形边缘变得平滑，如图2-141所示。

图 2-141

（21）执行"文件>打开"命令，将素材2（2.crd）打开。在打开的文件中使用"选择"工具选择标题文字，按Ctrl+C组合键进行复制，如图2-142所示。

图 2-142

（22）回到当前操作文件，按Ctrl+V组合键进行粘贴，并将其摆放在圆角矩形上方，如图2-143所示。

图 2-143

（23）使用同样的方法复制其他文字，并摆放在画面的合适位置。案例完成后的效果如图2-144所示。

图 2-144

2.5 课后习题

1 选择题

1. 在CorelDRAW中，要创建7个角的星形，应使用哪个工具?（   ）

   A．"矩形"工具

   B．"椭圆形"工具

   C．"螺纹"工具

   D．"星形"工具

2. 在CorelDRAW中，要绘制一个正六边形，应使用哪个工具?（   ）

   A．"矩形"工具

   B．"椭圆形"工具

   C．"多边形"工具

   D．"星形"工具

3. 在CorelDRAW中，要使一段折线的转角变得平滑，需要使用哪个工具?（   ）

   A．"折线"工具

   B．"3点曲线"工具

   C．"螺纹"工具

   D．"平滑"工具

2 填空题

1. 在CorelDRAW中，要创建一个爱心形状，应使用（   ）工具。

2. 在CorelDRAW中，要绘制一个倾斜的转角平滑的圆角矩形，应使用（   ）工具。

3 判断题

1. "椭圆形"工具可以绘制圆形和椭圆形。　　　　（   ）

2. "星形"工具只能绘制五角星。　　　　　　　　（   ）

课后实战

- **绘制简单的风景画**

运用本章所学的绘图工具绘制一张简单的风景画，如海边、树林、田园等，画面内容可自由发挥。

第**3**章
颜色设置

本章将介绍如何使图形展现出丰富多彩的颜色。图形具有"填充"和"轮廓"两个属性。除了可以使用纯色填充图形之外，还可以通过渐变和图案来表现图形的外观，这就需要用到"交互式填充"工具。此外，本章还将介绍如何使用"智能填充"和"网状填充"工具为图形着色，以及如何设置对象的半透明效果。

本章要点

📁 知识要点

❖ 熟练掌握为图形设置单色、渐变、图案填充的方法；

❖ 掌握图形轮廓的设置方法；

❖ 熟练应用"透明度"工具。

3.1 设置图形的填充

设置图形的填充不仅可以通过界面右侧的调色板完成，还可以通过工具箱中的"交互式填充"工具，以及界面右下角的"编辑填充"按钮完成，如图3-1所示。通过上述方式既可以为图形设置均匀的单色填充，也可以为图形设置渐变填充或者图案填充。

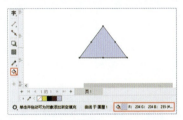

图 3-1

3.1.1 均匀填充

"均匀填充"是指为图形填充纯色，需要使用"编辑填充"窗口完成。

在使用"编辑填充"窗口填充纯色时，既可以通过"调色板"选择预设颜色，又可以通过"颜色查看器"自定义颜色。

（1）选中一个图形，这里选中作为背景的浅色图形，接着双击界面底部的"编辑填充"按钮，如图3-2所示。

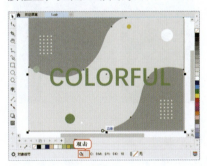

图 3-2

（2）"编辑填充"窗口中顶部位置的按钮可以用于设置填充的方式，包括无填充、均匀填充、渐变填充、向量图样填充、位图图样填充、双色图样填充、底纹填充、PostScript填充。单击"均匀填充"按钮，然后单击"调色板"选项，在"调色板"选项卡中可以选择软件预设的颜色。通过拖曳滑块选择合适的色相，然后单击

色块即可为选中的图形填充该颜色，单击"OK"按钮确认操作，如图3-3所示。

图 3-3

（3）此时图形效果如图3-4所示。

（4）如果当前的调色板颜色不适合，也可以选择其他的调色板。选中"调色板"选项后，单击"调色板"下方的按钮，在下拉列表中可以切换调色板的类型，如图3-5所示。

图 3-4

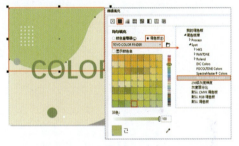

图 3-5

（5）自定义颜色。选中右下角的图形，再次打开"编辑填充"窗口，在窗口中选中"颜色查看器"选项，先拖曳底部的滑块选择合适的色相，然后在色域中单击选择颜色，最后单击"OK"按钮提交操作，如图3-6所示。

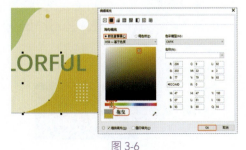

图 3-6

"交互式填充"工具的使用方法与当前使用方法非常相似。选中一个图形,单击工具箱中的"交互式填充"工具按钮 ◈,在属性栏中可以切换填充的方式。例如,单击"均匀填充"按钮,接着单击"填充色"按钮,在下拉面板中就可以设置填充的颜色了,如图3-7所示。当然,设置其他填充方式也是相同的方法。

图 3-7

3.1.2 渐变填充

渐变色是指两种或两种以上颜色相互过渡的效果。渐变填充是通过设置"颜色节点"来更改渐变颜色的。

(1)选中图形,选择工具箱中的"交互式填充"工具 ◈,接着单击属性栏中的"渐变填充"按钮 ▦,即可为图形填充渐变颜色,如图3-8所示。

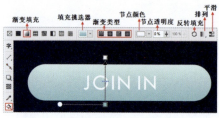

图 3-8

(2)在"填充挑选器"中可以选择预设渐变。选中图形,单击"填充挑选器"按钮,在下拉面板中选择渐变颜色,此时图形的填色发生变化,如图3-9所示。

图 3-9

(3)渐变填充有4种类型,分别是线性渐变 ▦、椭圆形渐变 ▦、圆锥形渐变 ▦ 和矩形渐变 ▦,如图3-10所示。

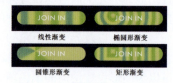

图 3-10

(4)默认的渐变颜色无法满足需求,通常需要更改渐变节点的颜色。单击节点将显示浮动控制栏,左侧选项用于设置节点颜色,右侧选项用于设置节点透明度,如图3-11所示。

图 3-11

(5)单击"节点颜色"按钮,然后在下拉面板中单击"显示颜色查看器"按钮 ▦,可以选择合适的颜色,如图3-12所示。

图 3-12

(6)通过"透明度"选项能够制作半透明的渐变效果。拖曳滑块或在数值框内输入数值进行颜色节点透明度的调整,数值越大,透明度越高,如图3-13所示。

图 3-13

(7)拖曳控制杆上的 ⊡ 滑块,能够调整两种颜色的过渡效果,如图3-14所示。

图 3-14

（8）在使用"交互式填充"工具时，按住鼠标左键拖曳能够更改渐变效果，如图3-15所示。

图 3-15

（9）拖曳▲箭头能够更改渐变控制杆的位置，从而更改渐变效果，如图3-16所示。

图 3-16

（10）在编辑"椭圆形渐变"时拖曳"圆形控制点"○，可以更改椭圆形渐变的半径，如图3-17所示。

图 3-17

（11）在控制杆上方双击可以添加新的颜色节点，从而制作出多色渐变，如图3-18所示。

图 3-18

（12）如果要删除颜色节点，可以在节点上方双击或者单击节点后按Delete键，如图3-19所示。

图 3-19

（13）选中渐变图形，单击属性栏中的"反转填充" ○按钮，可以将渐变颜色反转，如图3-20所示。

图 3-20

（14）"排列"选项用于设置渐变排列的方式，包括"默认渐变填充""重复和镜像"和"重复"3种效果，如图3-21所示。

图 3-21

提示：

　　通过"编辑填充"也可以编辑渐变色。在"编辑填充"窗口中单击"渐变填充" ▨按钮，可以看到此处的参数与"交互式填充"工具的渐变设置选项基本一致，如图3-22所示。

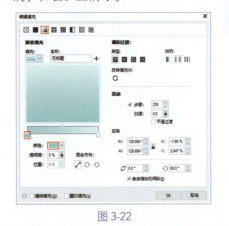

图 3-22

3.1.3　向量图样填充

　　使用"向量图样填充"可以为图形填充重复的图案。

　　（1）选中一个图形，选择工具箱中的

"交互式填充"工具，然后单击属性栏中的"向量图样填充"按钮▦，接着单击"填充挑选器"按钮，在下拉面板中选择合适的图样，效果如图3-23所示。

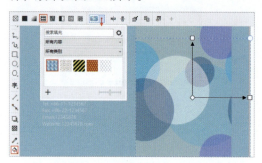

图 3-23

（2）拖曳圆形控制点〇可以对图样进行缩放，如图3-24所示。

图 3-24

（3）拖曳箭头位置的控制点可以改变图样的角度，如图3-25所示。

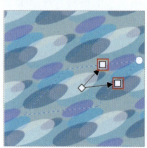

图 3-25

3.1.4　位图图样填充

使用"位图图样填充"可以将位图图案填充到选中的图形中。

选中一个图形，选择工具箱中的"交互式填充"工具，然后单击属性栏中的"位图图样填充"按钮▦，接着单击"填充挑选器"按钮，在下拉面板中选择合适的图样，效果如图3-26所示。

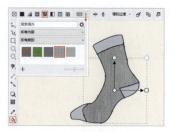

图 3-26

3.1.5　双色图样填充

使用"双色图样填充"可以选择由两种颜色组合而成的图样，通过设置"前景颜色"和"背景颜色"得到合适的图案效果。

选中一个图形，选择工具箱中的"交互式填充"工具，然后单击属性栏中的"双色图样填充"按钮▯。首先在下拉面板中选择合适的图样，接着设置合适的"前景颜色"和"背景颜色"，效果如图3-27所示。

图 3-27

3.1.6　底纹填充

使用"底纹填充"可以通过预设的一系列自然纹理填充图形。

单击"交互式填充"工具属性栏中的"底纹填充"按钮▦，可以在"底纹库"中选择合适的类型，然后单击"填充挑选器"按钮，在下拉面板中选择合适的底纹，如图3-28所示。

图 3-28

3.1.7 PostScript 填充

使用“PostScript填充”能够为图形填充纹理细腻的花纹，且花纹占用空间小，适合大面积填充。

选中一个图形，单击“交互式填充”工具属性栏中的“PostScript填充”按钮▦，接着单击“PostScript填充底纹”按钮，在下拉列表中进行选择，效果如图3-29所示。

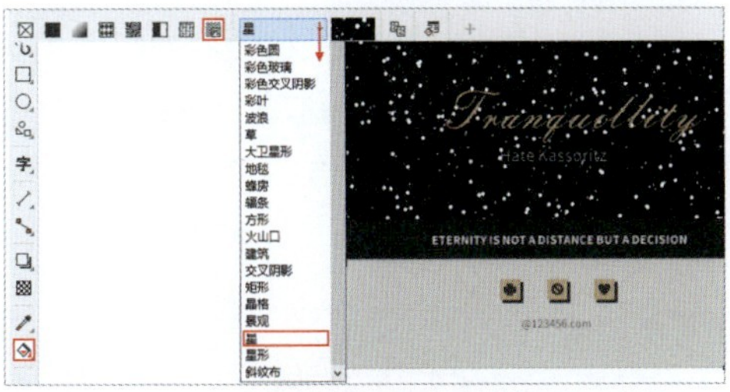

图 3-29

3.1.8 实操：制作色彩识别卡片

文件路径：资源包\案例文件\第3章颜色设置\实操：制作色彩识别卡片

案例效果如图3-30所示。

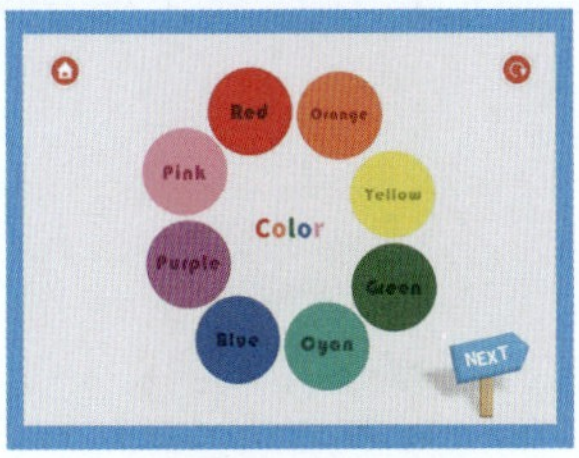

图 3-30

1. 项目诉求

本案例需要制作色彩识别卡片，要求根据给定的标准色设计出合理的版面，同时使画面具有一定的趣味性与吸引力。

2. 设计思路

由于色卡中需要展现的是色环中的8种具有代表性的颜色，这8种颜色两两临近，形成循环，因此以环形展示最为合适。为了便于操作，可以使用圆形作为轮廓放置色块，这样在完美展现这8种颜色的同时也能更好地表现色彩之间的关系。

3. 配色方案

由于色卡中需要展现的色彩已经确定为8种标准色了，因此本案例的设计重心应放在页面背景上。为了使8种标准色得以准确呈现，画面的背景应采用无彩色。本案例使用亮灰色作为主色、天蓝色作为边框色进行搭配，形成简洁、大方的配色方案。本案例的配色如图3-31所示。

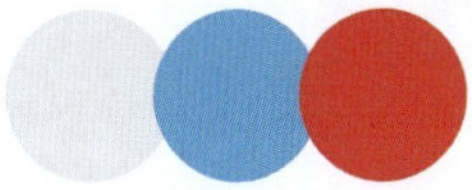

图 3-31

4. 项目实战

（1）执行“文件>新建”命令，在弹出的“创建新文档”窗口中设置“原色模式”为RGB、单位为“像素”、“宽度”为960.0px、“高度”为710.0px、“分辨率”为72dpi，设置完成后单击“OK”按钮，如图3-32所示。

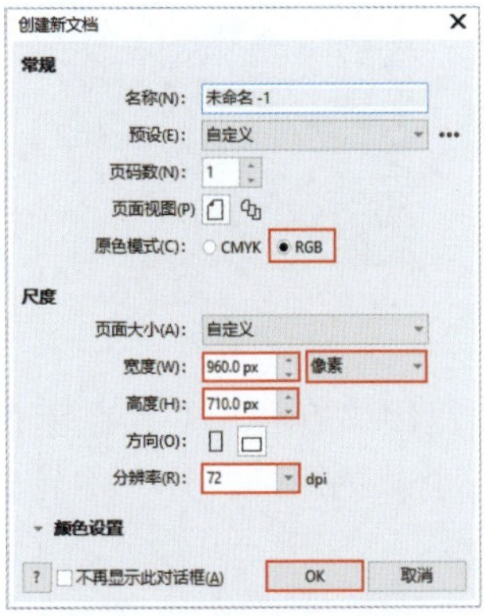

图 3-32

（2）在工具箱中双击“矩形”工具按钮，绘制一个与画板等大的矩形，如图3-33所示。

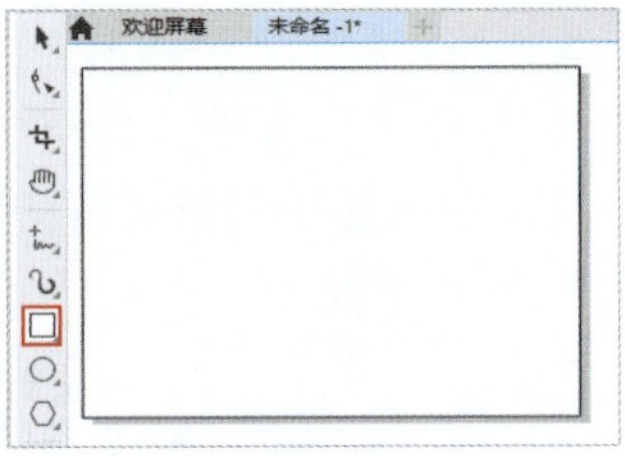

图 3-33

（3）在矩形被选中的状态下，双击界面底部的“编辑填充”按钮◈，在弹出的窗口中单击“均匀填充”按钮，然后选中“颜色查看器”选项，选择一种合适的蓝色，单击“OK”按钮确认操作，如图3-34所示。

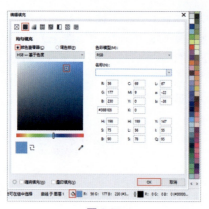

图 3-34

（4）在矩形被选中的状态下，在属性栏中设置"轮廓宽度"为无，去除其轮廓色，如图3-35所示。

图 3-35

（5）使用"矩形"工具在蓝色矩形上方绘制一个灰色矩形，并去除轮廓色，如图3-36所示。

图 3-36

（6）为了便于制作环绕图形，首先绘制一个正圆作为参考。选择工具箱中的"椭圆形"工具，在版面中间位置按住Ctrl键的同时拖曳鼠标左键绘制一个红色正圆，如图3-37所示。

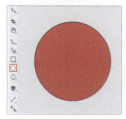

图 3-37

（7）使用"椭圆"工具在红色正圆上方绘制一个小正圆，如图3-38所示。

图 3-38

（8）选中小的正圆，按Ctrl+C组合键进行复制，按Ctrl+V组合键进行粘贴，将正圆复制一份并摆放在合适的位置，如图3-39所示。

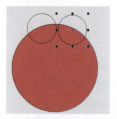

图 3-39

（9）使用同样的方法复制出其他正圆，并根据大圆的位置调整小圆的位置，如图3-40所示。

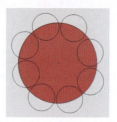

图 3-40

（10）选中中间的正圆，按Delete键将图形删除，此时的画面效果如图3-41所示。

图 3-41

（11）选中一个小正圆，双击界面底部的"编辑填充"按钮 ◈，在弹出的窗口中单击"均匀填充"按钮，然后选中"颜色查看器"选项，选择一种红色，单击"OK"按钮，如图3-42所示。

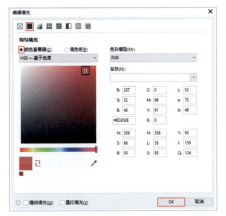

图 3-42

（12）在右侧调色板中右击"无"按钮去除轮廓色，如图3-43所示。

图 3-43

（13）使用同样的方法为其他正圆填色并去除轮廓色，效果如图3-44所示。

图 3-44

（14）执行"文件>打开"命令，在弹出的"打开绘图"窗口中选择素材1，接着单击"打开"按钮，如图3-45所示。

图 3-45

（15）在打开的文件中选择一组文字，按Ctrl+C组合键进行复制，如图3-46所示。

图 3-46

（16）回到当前操作文件，按Ctrl+V组合键进行粘贴，并将其摆放在红色正圆上，如图3-47所示。

图 3-47

（17）使用同样的方法复制其他素材，并摆放在画面的合适位置。案例完成后的效果如图3-48所示。

图 3-48

3.2 设置图形的轮廓

通过"轮廓笔"窗口可以对图形的轮廓线进行全面的设置。

（1）选中图形，双击界面底部的"轮廓笔"按钮，即可打开"轮廓笔"窗口，如图3-49所示。

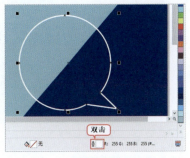

图 3-49

（2）在打开的"轮廓笔"窗口中单击"颜色"  按钮，在下拉面板中进行颜色的设置，如图3-50和图3-51所示。

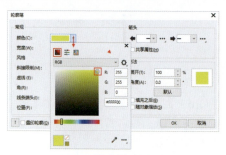

图 3-50

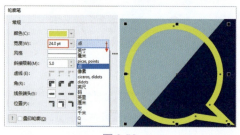

图 3-51

（3）"宽度"选项用于设置轮廓线的粗细，可以在数值框内输入数值，数值框右侧的选项用于设置单位，如图3-52所示。

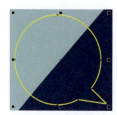

图 3-52

（4）默认情况下轮廓线为实线，通过"风格"列表可以制作虚线轮廓，如图3-53所示。

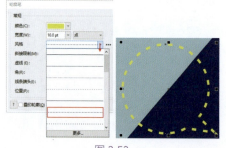

图 3-53

（5）自定义轮廓。单击"风格"右侧

的"设置" 按钮，打开"编辑线条样式"窗口。拖曳"调整"滑块调整虚线的间距，在单元格上单击以设置虚线样式。通过"预览"查看效果，接着单击"添加"按钮，即可将设置的轮廓样式添加到"风格"选项列表中，如图3-54所示。

（6）此时的轮廓效果如图3-55所示。

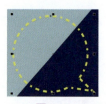

图 3-54

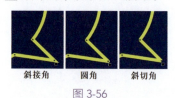

图 3-55

（7）"角"选项用于设置折线转角处角的形态，有"斜接角" 、"圆角" 和"斜切角" 3种效果，如图3-56所示。

斜接角　　　圆角　　　斜切角

图 3-56

（8）"线条端头"选项用于设置开放路径端点的样式，有"方形端头" 、"圆形端头" 和"延伸方形端头" 3种，如图3-57所示。

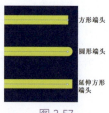

方形端头

圆形端头

延伸方形端头

图 3-57

（9）"位置"选项组用于设置轮廓位于路径的相对位置，有"外部轮廓" 、"居中的轮廓" 和"内部轮廓" 3种，如图3-58所示。

外部轮廓　　居中的轮廓　　内部轮廓

图 3-58

（10）"箭头"选项用于为路径端点添加箭头。单击 按钮，可以在下拉面板中选择箭头样式，如图3-59所示。如果要去除箭头，单击"无箭头"即可。

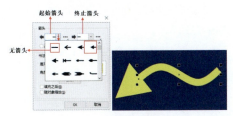

图 3-59

> **提示：**
>
> "轮廓笔"窗口右下方的"书法"选项用于设置不均匀的线条效果，如图3-60和图3-61所示。
>
>
>
> 图 3-60　　　　　　　　图 3-61

3.3 智能填充

使用"智能填充"工具 可以填充多个图形的交叉区域，使之形成独立的图形。

（1）加选多个图形（图形之间要有重叠区域），选择工具箱中的"智能填充"工具，在属性栏中设置"填充选项"为"指定"，然后设置合适的颜色。接着在图形上方单击，即可对闭合区域进行填充，如图3-62所示。

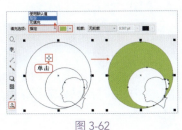

图 3-62

（2）在属性栏中更改"填充色"的颜色，在另外一个图形上方单击进行填充，如图3-63所示。

图 3-63

（3）填充完成后可以将填充的部分单独提取出来，选中图形后移动位置即可查看效果，如图3-64所示。

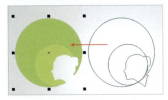

图 3-64

（4）"智能填充"工具常用来制作标志、图标等图形，如图3-65所示。

图 3-65

3.4 网状填充

"网状填充"工具 是一种可以创建不规则填充效果的工具。使用"网状填充"工具可以创建网格点，使颜色从一个点平滑过渡到另外一个点。通过移动和编辑网格点，可以改变颜色变化的强度或着色区域的范围。

（1）选中一个图形，选择"网状填充"工具 ，即可看到网格线和网格点，如图3-66所示。

（2）在属性栏中可以通过"网格大小"选项设置网格的行数和列数，如图3-67所示。

图 3-66

图 3-67

（3）使用"网状填充"工具在图形上方双击可以添加网格点，如图3-68所示。

图 3-68

（4）在网格点上方单击即可将网格点选中，接着在属性栏中更改网格点的颜色，如图3-69所示。

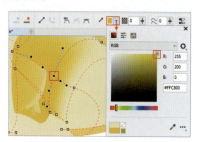
图 3-69

（5）选中网格点，属性栏中的"透明度"选项用于更改网格点的透明度，如图3-70所示。

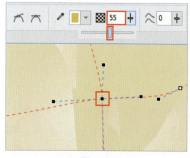
图 3-70

（6）选中网格点后按住鼠标左键拖曳，能够移动网格点的位置，也可以在属性栏中更改网格点的类型，如图3-71所示。

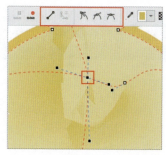
图 3-71

（7）拖曳网格线也可以更改填充效果，如图3-72所示。

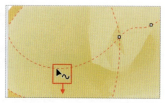
图 3-72

（8）选中网格点，单击属性栏中的"删除节点" ⚬⚬⚬ 按钮或者在节点上方双击即可将节点删除，如图3-73所示。

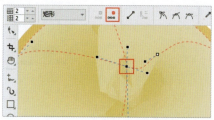
图 3-73

3.5 "透明度"工具

默认情况下，上层对象会遮挡住下层对象。想要同时显示上层和下层的内容有两种方式：降低透明度及设置合并模式。使用"透明度"工具可以设置图形的透明度和合并模式。

3.5.1 使用"透明度"工具

（1）"合并模式"可以让两个对象的颜色相互混合。选中图形，选择工具箱中的"透明度"工具，单击属性栏中的"合并模式"按钮，在下拉列表中选择相应的合并模式，如图3-74所示。

合并模式

图 3-74

（2）图3-75所示为"如果更暗"和"柔光"两种不同合并模式的对比效果。如果要去除特殊的"合并模式"效果，将"合并模式"设置为"常规"即可。

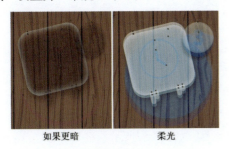

如果更暗　　　　　柔光

图 3-75

（3）"均匀透明度"能够创建均匀分布的透明效果。选中图形，单击"透明度"工具属性栏中的"均匀透明度"按钮 📷，降低"透明度"数值，可以使对象变得透明，效果如图3-76所示。

（4）如果要去除透明度，可以单击属性栏中的"无透明度"按钮 📷，效果如图3-77所示。

均匀透明度　　　　透明度

图 3-76　　　　　　图 3-77

（5）"渐变透明度"可以创建带有渐变感的透明效果。单击属性栏中的"渐变透明

度"按钮 📷，在图形上方按住鼠标左键拖曳创建渐变透明度效果。默认情况下有一黑一白两个节点，其中白色部分代表不透明，黑色部分代表透明，灰色部分则是半透明区域，如图3-78所示。

渐变透明度

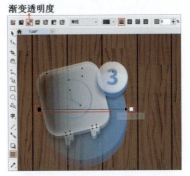

图 3-78

（6）通过选定节点可以设置透明度数值的大小。将光标移动到节点上方，在显示的浮动控制栏中更改透明度的数值，如图3-79所示。

图 3-79

提示：

　　"透明度"工具属性栏中的另外几种渐变透明度模式都是根据所选图样的黑白关系进行透明效果的显示，图样中越暗的部分越透明，越亮的部分越不透明，如图3-80所示。

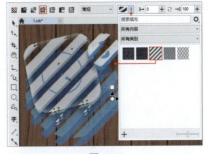

图 3-80

3.5.2 实操：制作梦幻感色彩的海报背景

文件路径：资源包\案例文件\第3章颜色设置\实操：制作梦幻感色彩的海报背景

案例效果如图3-81所示。

图 3-81

1. 项目诉求

本案例需要制作一幅时尚风格的海报，要求画面保持简洁的布局和清晰易读的文字，同时加入创意元素和适当的空白与对比，确保整个海报具有时尚感和吸引力。

2. 设计思路

本案例已给定一张黑白人像摄影作品作为背景。为了使海报能够清晰地展现文字内容，避免无彩色图像作为背景易降低文字的识别度，可以在黑白图像上叠加色块，利用"透明度"工具使之与照片融合，制作出具有独特风格的梦幻感的海报作品。

3. 配色方案

本案例使用黄色与蓝色作为主色进行搭配，通过冷暖对比形成强烈的视觉冲击力，给观者留下深刻印象。白色文字在低明度色彩的衬托下更加醒目，能够将海报信息有效传递给观者，如图3-82所示。

图 3-82

4. 项目实战

（1）执行"文件>新建"命令，新建一个A4大小的纵向文件，如图3-83所示。

（2）执行"文件>导入"命令，在打开的"导入"窗口中选择素材1（1.jpg），接着单击"导入"按钮，如图3-84所示。

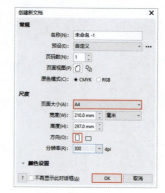

图 3-83

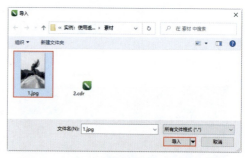

图 3-84

（3）在文件中按住鼠标左键拖曳导入人物素材，如图3-85所示。

图 3-85

（4）选择工具箱中的"钢笔"工具，在画面中以单击的方式绘制一个四边形，如图3-86所示。

图 3-86

（5）使用"选择"工具选中四边形，在右侧调色板中单击"橘红"按钮设置填充色，右击"无"按钮去除轮廓色，如图3-87所示。

图 3-87

（6）选择工具箱中的"透明度"工具，在属性栏中单击"均匀透明度"按钮，设置"合并模式"为"强光"、"透明度"为35，如图3-88所示。

图 3-88

（7）选中四边形，按Ctrl+C组合键进行复制，按Ctrl+V组合键进行粘贴，接着单击属性栏中的"水平镜像"和"垂直镜像"按钮，并将该图形移动至画面底部，如图3-89所示。

图 3-89

（8）选中下方的四边形，在右侧调色板中单击"青"按钮设置"填充色"为青色，如图3-90所示。

图 3-90

（9）执行"文件>导入"命令，将素材2（2.crd）导入文件中并摆放在画面的合适位置。案例完成后的效果如图3-91所示。

图 3-91

3.6 使用滴管设置图形效果

"颜色滴管"工具是一种选取颜色的工具，它可以帮助用户准确地选取某个区域的颜色值，以便后续使用。使用"属性滴管"工具能够对图形的填充、轮廓、渐变、效果、封套、混合等属性进行取样，然后应用到指定的对象中，如图3-92所示。

图 3-92

3.6.1 使用"颜色滴管"工具

（1）选择工具箱中的"颜色滴管"工具 ，将光标移动到需要取样的位置并单击，如图3-93所示。

图 3-93

（2）在需要填充颜色的图形上方单击即可填充刚刚取样的颜色，如图3-94所示。

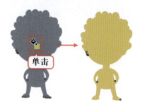

图 3-94

3.6.2 使用"属性滴管"工具

（1）选择工具箱中的"属性滴管"工具，首先需要在属性栏中设置需要吸取的属性，然后单击"属性""变换""效果"按钮，在下拉列表中进行选择。例如这里勾选"轮廓"和"填充"选项，如图3-95所示。

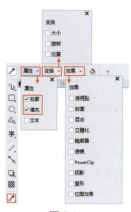

图 3-95

（2）在图形上方单击进行取样，然后在需要填充颜色的图形上方单击，随即取样的渐变和轮廓就被应用到该图形中，如图3-96所示。

图 3-96

3.7 扩展练习：电商网页多彩优惠券

文件路径：资源包\案例文件\第3章颜色设置\扩展练习：电商网页多彩优惠券

案例效果如图3-97所示。

图 3-97

1. 项目诉求

本案例需要制作电商网页中使用的优惠券。在设计时，需注重设计风格统一、优惠信息醒目、色彩搭配多彩且和谐等方面。同时考虑清晰易读的字体、有效期提示、使用条件说明等细节，确保优惠券设计既具有吸引力，又能向用户提供清晰的信息。

2. 设计思路

优惠券设计应与电商网页的整体风格保持一致，包括颜色、图形和字体等元素。这有助于提升品牌认知度，增强用户信任感。

同时突出展示优惠券的面额、折扣或优惠条件等信息，以吸引用户关注。这里可以使用大胆的字体、颜色或图形来强调优惠力度。

3. 配色方案

本案例采用多彩的色彩搭配，使优惠券看起来更加生动有趣。使用浅蓝紫色作为背景色，搭配白色，清新之感跃然而出。点缀以粉红色、黄色与青色，形成丰富、饱满的色彩搭配，使整个画面更显明快、鲜活。本案例的配色如图3-98所示。

图 3-98

4. 项目实战

（1）执行"文件>新建"命令，在弹出的"创建新文档"窗口中设置"原色模式"为RGB、"宽度"为950.0px、"高度"为420.0px、"方向"为"横向"、"分辨率"为72dpi，设置完成后单击"OK"按钮，如图3-99所示。

图 3-99

（2）双击工具箱中的"矩形"工具按钮，绘制一个与画板等大的矩形，如图3-100所示。

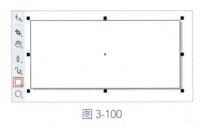

图 3-100

（3）在矩形被选中的状态下，双击界面底部的"编辑填充"按钮，在弹出的窗口中单击"均匀填充"按钮，选中"颜色查看器"选项，选择一种合适的蓝色，单击"OK"按钮提交操作，如图3-101所示。

图 3-101

（4）在右侧调色板中右击"无"按钮去除轮廓色，如图3-102所示。

图 3-102

（5）选择工具箱中的"矩形"工具囗，单击属性栏中的"圆角"按钮，设置"圆角半径"为20.0px，然后在画面中按住鼠标左键拖曳绘制圆角矩形，如图3-103所示。

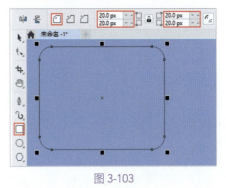

图 3-103

（6）选中圆角矩形，选择工具箱中的"交互式填充"工具，单击属性栏中的"双色图样填充"按钮，接着单击按钮，在下拉面板中根据缩览图选择填充的图样，拖曳控制点调整图样大小，接着设置合适的前景色与背景色，如图3-104所示。

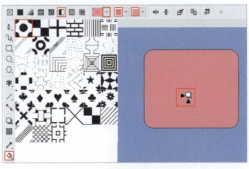

图 3-104

（7）在圆角矩形被选中的状态下，在属性栏中设置"轮廓宽度"为无，去除其轮廓色，如图3-105所示。

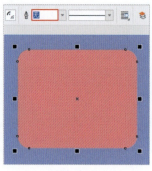

图 3-105

（8）选择工具箱中的"矩形"工具□，
单击属性栏中的"圆角"按钮□，设置"圆
角半径"为20.0px，然后绘制圆角矩形，如
图3-106所示。

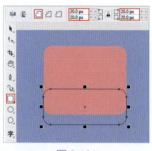

图 3-106

（9）在右侧调色板中单击"白"按钮，
设置"填充色"为白色，右击"无"按钮去
除轮廓色，如图3-107所示。

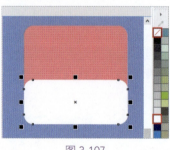

图 3-107

（10）加选两个圆角矩形，按住Ctrl键
向右拖曳到合适位置后右击进行复制，如
图3-108所示。

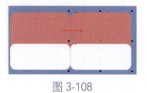

图 3-108

（11）选中大的圆角矩形，选择工具箱
中的"交互式填充"工具 ，单击属性栏中
的"双色图样填充"按钮，接着更改图样和
颜色，效果如图3-109所示。

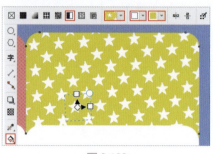

图 3-109

（12）使用同样的方法制作另外一组图
形，如图3-110所示。

图 3-110

（13）执行"文件>打开"命令，打开素
材1（1.crd），在打开的文件中选择一组文
字，按Ctrl+C组合键进行复制，如图3-111
所示。

图 3-111

（14）回到当前操作文件，按Ctrl+V组
合键进行粘贴，并将其摆放在合适的位置，
如图3-112所示。

图 3-112

（15）使用同样的方法复制其他素材，
并摆放在画面的合适位置。案例完成后的效
果如图3-113所示。

CorelDRAW 2022
平面设计案例教程（全彩慕课版）

图 3-113

3.8 课后习题

1 选择题

1. 在CorelDRAW中，要对对象进行渐变填充，应使用哪个工具？
（　　　）
A. "交互式填充"工具
B. 轮廓设置
C. 智能填充
D. "透明度"工具

2. 在CorelDRAW中，要将一个颜色应用到另一个对象上，应使用哪个工具？（　　　）
A. "颜色滴管"工具
B. "橡皮擦"工具
C. "透明度"工具
D. 智能填充

3. 在CorelDRAW中，要为对象添加透明度效果，应使用哪个工具？（　　　）

A. "交互式填充"工具
B. 轮廓设置
C. "透明度"工具
D. 网状填充

2 填空题

1. 在CorelDRAW中，要对图形进行网状填充，应使用（　　　）工具。

2. 在CorelDRAW中，要为对象创建自定义渐变，应使用（　　　）工具。

3 判断题

1. "智能填充"工具可以在图形交叉区域填充指定的颜色。（　　　）

2. "颜色滴管"工具可以复制位图对象的属性。（　　　）

课后实战

● 绘制简单的卡通人物

使用多种几何图形绘制一个简单的卡通人物，包括身体、头部、眼睛、嘴巴、手和脚，并为每部分设置合适的颜色。

第**4**章

高级绘图

通过前面章节的学习，我们知道简单的几何图形可以运用"矩形"工具、"椭圆形"工具等简单的绘图工具绘制。但如果想要绘制复杂的图形，那么以上工具就不适用了。本章将介绍几种能够绘制复杂图形的工具，例如，使用"钢笔工具"可以随心所欲地绘制各种路径；使用"形状"工具可以在路径绘制完成后进行编辑与调整；使用"刻刀"工具、"橡皮擦"工具可以切分或擦除矢量图形。除此之外，本章还将介绍其他的绘图功能，如造型功能、"艺术笔"工具、"LiveSketch"工具、"智能绘图"工具等，以及通过"阴影""轮廓图""混合""变形""封套""立体化""块阴影"等工具为图形制作特殊效果的方法。

本章要点

⭐ 知识要点

❖ 熟练使用"钢笔"工具；

❖ 掌握"裁剪""刻刀""虚拟段删除""橡皮擦"工具的使用方法；

❖ 熟练掌握造型功能的使用方法；

❖ 掌握阴影、轮廓图、混合、变形、封套、立体化、块阴影效果的制作方法。

4.1 绘制复杂的图形

矢量图形是由一段段路径组成的，每段路径包括节点（包括尖突节点、平滑节点）、路径、方向线，如图4-1所示。绘制复杂的图形其实就是通过在合适的位置创建出节点，改变节点的位置或形态，以影响图形的外形，如图4-1所示。

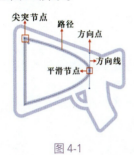

图 4-1

4.1.1 使用"手绘"工具绘图

使用"手绘"工具 可以绘制任意的曲线，还可以绘制直线。

（1）选择工具箱中的"手绘"工具，在画面中按住鼠标左键拖曳可以绘制任意的路径。将光标移动至起始位置，光标呈 状后释放鼠标左键即可得到闭合路径，如图4-2所示。

图 4-2

（2）更改轮廓颜色和轮廓粗细，效果如图4-3所示。

图 4-3

（3）使用"手绘"工具也可以绘制直线。选择"手绘"工具，在画面中单击，接着将光标移动至下一个位置单击即可绘制一段直线，如图4-4所示。

图 4-4

提示：

执行"工具>选项>工具"命令，在打开的窗口中选择窗口左侧的"手绘/贝塞尔曲线"选项，选项卡中的"手绘平滑"选项用于设置曲线的平滑程度，数值越大，所绘制的路径越平滑，如图4-5所示。

图 4-5

4.1.2 使用"钢笔"工具绘图

使用"钢笔"工具 能够绘制直线或平滑曲线，而且可以在很大程度上控制图形的精细程度。

（1）选择工具箱中的"钢笔"工具，将光标移动到画面中单击，接着移动到下一个位置单击，这样两个节点之间就形成了一段直线路径。继续以单击的方式绘制折线，需要完成路径绘制时按Enter键即可得到一段开放路径。通过单击创建的节点为"尖突节点"，如图4-6所示。

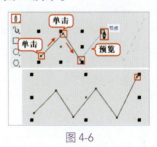

图 4-6

提示：

在"钢笔"工具的属性栏中，激活"预览模式" 选项，这样在绘制路径的过程中就能看到路径线条预先的状态，即蓝色的线条。

（2）在绘制路径的过程中，按住Shift键单击即可绘制水平或垂直的路径，将光标移动至起始节点的位置，光标会呈 ♦。状，此时单击即可得到一个闭合的路径，如图4-7所示。

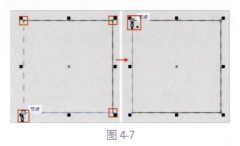

图 4-7

（3）使用"钢笔"工具 ♦ 绘制平滑曲线。在起始位置单击，接着将光标移动到下一个位置，按住鼠标左键拖曳，此时会拖曳出一段方向线，通过方向线控制路径的走向，释放鼠标左键后即完成此段路径的绘制，如图4-8所示。

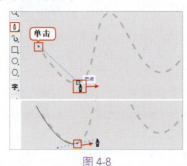

图 4-8

（4）将光标移动到下一个位置，按住鼠标左键拖曳，通过方向线控制路径的走向。继续绘制，最后按Enter键完成开放路径的绘制。采用以此种方法创建的节点为平滑节点，如图4-9所示。

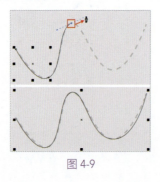

图 4-9

（5）使用"钢笔"工具绘制带有转折的曲线路径。首先绘制一段曲线，在转折位置创建节点后，将光标移动到下一个转折的位置，通过预览可以看到路径的走向并不符合预期，如图4-10所示。

图 4-10

（6）将光标移动到节点上方，按住Alt键可以切换到"节点工具"，此时光标呈 ♦▶ 状，单击即可将平滑节点转换为尖突节点，如图4-11所示。

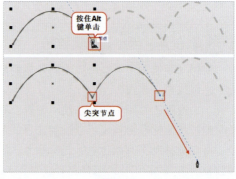

图 4-11

（7）继续绘制，按Enter键完成开放路径的绘制，如图4-12所示。

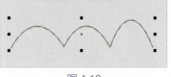

图 4-12

提示：

"贝塞尔"工具和"钢笔"工具的操作原理是相同的，两个工具之间只有细微的差别。使用"钢笔工具"激活属性栏中的"预览模式" 🔄 选项可以进行路径的预览；激活"自动添加或删除节点" 🔄 选项可以在绘制过程中添加或删除节点。而使用"贝塞尔工具"是不能够进行这两项操作的。

4.1.3 使用"形状"工具调整图形

路径绘制完成后，可以通过"形状"工具进行编辑。在进行精细绘图时，可以先使用"钢笔"工具或"贝塞尔"工具绘制出图形的大概轮廓，然后通过"形状"工具配合属性栏中的选项对路径进行调整。其操作思路如图4-13所示。

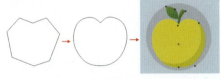

图 4-13

（1）选择工具箱中的"形状"工具，在图形上方单击即可显示图形的节点，在节点上方单击即可将节点选中。此时通过属性栏中的选项可以对路径进行编辑，如图4-14所示。

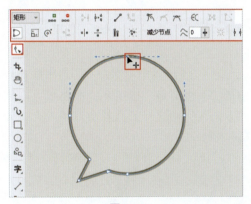

图 4-14

（2）选中节点后，按住鼠标左键拖曳即可移动节点位置，从而更改路径的走向，改变图形的形状，如图4-15所示。

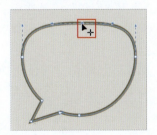

图 4-15

（3）拖曳方向线末端的箭头 可以更改路径的走向，如图4-16所示。

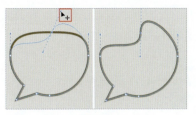

图 4-16

（4）添加节点。使用"形状工具"在路径上方双击即可添加一个节点，如图4-17所示。

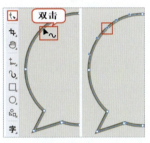

图 4-17

（5）自动添加节点。使用"形状"工具选中节点，然后单击属性栏中的"添加节点"按钮 即可在所选节点附近自动添加节点，如图4-18所示。

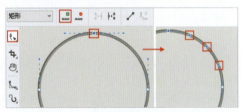

图 4-18

（6）删除节点。使用"形状"工具选中节点，然后单击属性栏中的"删除节点"按钮 或者按Delete键即可删除节点。删除节点后路径会发生变化，如图4-19所示。

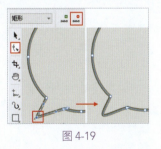

图 4-19

（7）断开节点。使用"形状"工具选中节点，然后单击属性栏中的"断开曲线"

按钮 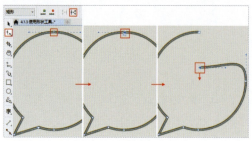，此时移动节点位置可以看到路径断开，如图4-20所示。

图 4-20

（8）连接节点。使用"形状"工具加选开放路径两端的节点，然后单击属性栏中的"连接两个节点" ⚡ 按钮即可将路径闭合，如图4-21所示。

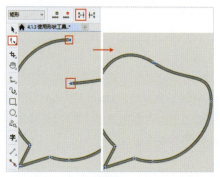

图 4-21

（9）使用"形状"工具在图形外侧按住鼠标左键拖曳即可将所有节点框选。接着单击属性栏中的"转换为线条"按钮 ✏️ 即可将曲线路径转换为直线路径，如图4-22所示。

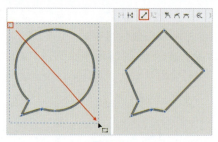

图 4-22

（10）如果要将直线路径转换为曲线路径，需要选中一个折线路径转折位置的节点，单击属性栏中的"转换为曲线"按钮 📐，此时选中的节点就会显示方向线，而属性栏中右侧的用于更改节点类型的选项将被激活，如图4-23所示。

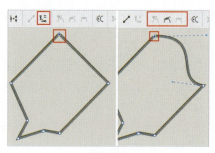

图 4-23

（11）使用"形状"工具选中一个平滑节点，单击属性栏中的"尖突节点"按钮 🖊️，拖曳方向线即可更改节点一端的路径，如图4-24所示。

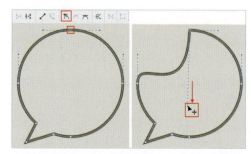

图 4-24

（12）选中一个尖突节点，单击属性栏中的"平滑节点"按钮 🖊️，拖曳节点一侧的方向线，则这一侧路径会发生变化，如图4-25所示。

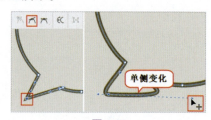

图 4-25

（13）使用"形状"工具选中一个尖突节点，单击属性栏中的"对称节点"按钮 🖊️，拖曳节点一侧的方向线，则节点两侧的路径会同时发生变化，如图4-26所示。

图 4-26

（14）选中一段开放的路径，单击属性栏中的"反转方向"按钮 ，即可反转路径开始节点和结束节点的位置，如图4-27所示。

图 4-27

（15）使用"形状"工具按住Shift键加选路径两端的节点，单击属性栏中的"延长曲线使之闭合"按钮即可将路径闭合，如图4-28所示。

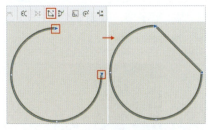

图 4-28

（16）使用"形状"工具选中路径一端的节点，单击属性栏中的"闭合曲线"按钮即可将路径闭合，如图4-29所示。

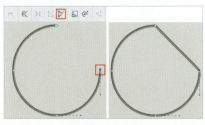

图 4-29

（17）当路径上的节点过多时，可以通过"减少节点"选项自动删除节点来提高路径的平滑度，如图4-30所示。

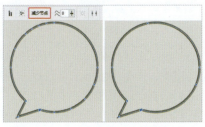

图 4-30

（18）调整曲线平滑度。加选需要平滑路径所在位置的节点，在属性栏中的"曲线平滑度"数值框内输入数值调整曲线的平滑程度，数值越大，路径越平滑，如图4-31所示。

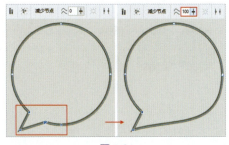

图 4-31

> **提示：**
>
> 使用"矩形"工具、"椭圆形"工具等形状工具所绘制的图形需要先执行"对象>转换为曲线"命令，将其转换为曲线后再使用"形状"工具进行路径的调整。

4.1.4 实操：制作动物皮毛图案

文件路径：资源包\案例文件\第4章高级绘图\实操：制作动物皮毛图案

案例效果如图4-32所示。

图 4-32

1. 项目诉求

本案例需要设计动物皮毛图案，要求借助色彩与形状，尽可能展现出动物的毛色与纹理。

2. 设计思路

本案例的面料图案包含4种颜色，首先需要制作出由4个相同的但色彩不同的矩形拼接而成的几何背景。接着可以借助工具箱中的"手绘"工具绘制出不规则的形态各异的纹理图形。

3. 配色方案

本案例中的四款皮毛图案面料的花纹部分均为白色，区别在于底色部分。除去一款以黑色为底色外，另外3款均为野生动物皮毛中常见的色彩，分别是棕色、土黄色、卡其色，如图4-33所示。

图 4-33

4. 项目实战

（1）新建一个方形文件，如图4-34所示。

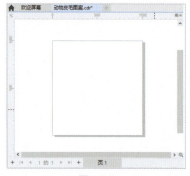

图 4-34

（2）制作几何拼接感的背景。选择工具箱中的"矩形工具"，按住Ctrl键在画板左上角绘制一个黑色的正方形，同时去除轮廓色，如图4-35所示。

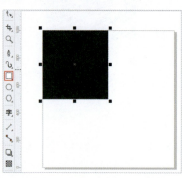

图 4-35

（3）在图形被选中的状态下，按住鼠标左键向右拖曳的同时按住Shift键，对其进行水平方向的移动。移动至画板右侧边缘位置时右击将其复制一份，最后进行颜色的更改，如图4-36所示。

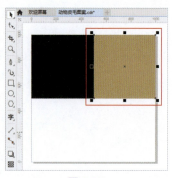

图 4-36

（4）加选两个正方形，按住鼠标左键向下拖曳的同时按住Shift键，使图形在垂直方向上向下移动。移动至画板底部边缘位置时右击将其复制一份，最后对复制得到的图形分别进行颜色的更改。选中4个矩形，将其缩小到画布范围内，效果如图4-37所示。

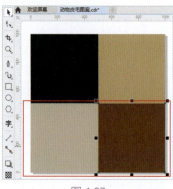

图 4-37

（5）绘制动物皮毛图案。选择工具箱中的"手绘"工具，绘制一个不规则的图形。绘制完成后将其填充为黑色，同时去除轮廓色，如图4-38所示。

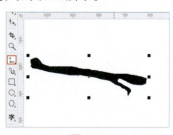

图 4-38

（6）通过上述操作，基本的图形轮廓已经绘制完成，但是图形的右下角部位有一个尖角需要调整。在图形被选中的状态下，选择工具箱中的"形状"工具，将该位置的一个节点选中，然后按住鼠标左键拖曳以调整形状，如图4-39所示。

图 4-39

（7）在该工具处于使用状态下，对其他节点进行相应的调整，效果如图4-40所示。

图 4-40

（8）使用"手绘"工具在已有图形下方继续绘制其他图形。同时结合使用"形状"工具对形状进行调整，效果如图4-41所示。所有图形绘制完成后将其全部框选，然后按Ctrl+G组合键进行编组。

图 4-41

提示：
　　在绘制图形时，还可以将已经绘制完成的图形复制一份，然后进行对称及形状调整等操作。

（9）对整个图案边缘位置不需要的部分进行裁剪处理。将编组图形移动至几何背景上方，将其"填充色"更改为白色。接着在

其被选中的状态下，选择工具箱中的"裁剪"工具✄，以背景边缘为裁剪范围，如图4-42所示。

图 4-42

（10）范围调整完成后，按Enter键确认裁剪操作。案例完成后的效果如图4-43所示。

图 4-43

4.1.5　实操：制作游戏启动画面

文件路径：资源包\案例文件\第4章高级绘图\实操：制作游戏启动画面
案例效果如图4-44所示。

图 4-44

1. 项目诉求

本案例需要设计一款休闲冒险类游戏的启动页面。启动页面的设计需要注意主题明确、色彩搭配和谐、高质量插画等，同时应展示游戏的核心主题和风格，以便玩家快速了解游戏类型。

2. 设计思路

画面的设计首先考虑到休闲类游戏的特点，抽象的图形化天空、草地、树木组合成卡通的自然景象，为玩家营造了一个轻松、

悠闲的游戏氛围。文字部分的设计为了与整体风格保持一致，使用了钢笔工具进行绘制，不规则字形增强了整个画面的视觉冲击力与趣味性。

3. 配色方案

通常休闲冒险类小游戏可以选择鲜明、生动的色彩搭配，体现游戏的休闲与冒险氛围。同时要确保色彩搭配和谐，不会令人产生视觉疲劳。画面以蓝天草地作为背景，因此青色与绿色作为主要色彩，形成了自然、清新的色彩基调。文字使用了棕色与橙红色两种反差较强的色彩，形成了视觉中心。为了避免文字色彩突兀，使用白色作为文字与背景间的过渡色，使整体色彩搭配更加和谐、自然。本案例的配色如图4-45所示。

图 4-45

4. 项目实战

（1）执行"文件>新建"命令，创建一个"宽度"为2388px、"高度"为1500px、"方向"为横向的文件。接着双击工具箱中的"矩形工具"按钮□，绘制一个与画板等大的矩形，如图4-46所示。

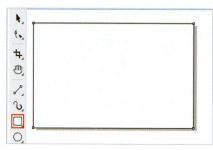

图 4-46

（2）选中该矩形，选择工具箱中的"交互式填充工具"，单击属性栏中的"渐变填充"按钮，然后在右侧选择"线性渐变填充"，设置完成后调整颜色节点，编辑一个青色到白色的渐变，并去除轮廓色，如图4-47所示。

图 4-47

（3）制作底部图形。选择工具箱中的"钢笔工具"，在画面中先单击绘制直线路径，然后按住鼠标左键拖曳绘制曲线路径，如图4-48所示。

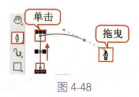

图 4-48

（4）继续进行曲线的绘制，在绘制到画面最右侧时需要按住Alt键，此时光标呈 状，在节点上单击即可将平滑节点转换为尖突节点，如图4-49所示。

图 4-49

（5）继续以单击的方式绘制折线路径，光标移动到起始节点位置后单击即可闭合路径，如图4-50所示。

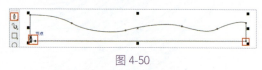

图 4-50

（6）选中图形，选择工具箱中的"交互式填充"工具，单击属性栏中的"均匀填充"按钮，设置"填充色"为黄色，并去除轮廓色，如图4-51所示。

图 4-51

（7）使用"钢笔工具"绘制图形，并填充合适的颜色，此时的画面效果如图4-52所示。

图 4-52

（8）执行"文件>打开"命令，打开素材1，接着在打开的文件中选中装饰图形，按Ctrl+C组合键进行复制，接着回到当前操作文件，按Ctrl+V组合键进行粘贴，并将其摆放在画面左侧的合适位置，如图4-53所示。

图 4-53

（9）在打开的素材中选中文字，按Ctrl+C组合键进行复制，接着回到当前操作文件，按Ctrl+V组合键进行粘贴，并将其摆放在画面的空白位置，作为绘制文字图形的参考，如图4-54所示。

Save
Tina

图 4-54

（10）选择工具箱中的"钢笔工具" ，参照文字形状进行绘制，如图4-55所示。

图 4-55

（11）使用"钢笔工具"绘制其他文字

图形，并将其摆放在画面的合适位置，如图4-56所示。

图 4-56

（12）选中上方文字，选择工具箱中的"交互式填充"工具，单击属性栏中的"均匀填充"按钮，设置"填充色"为棕色，如图4-57所示。

图 4-57

（13）在文字图形被选中的状态下，在右侧调色板中右击白色，设置"轮廓色"为白色，并在属性栏中设置"轮廓宽度"为60px，如图4-58所示。

图 4-58

（14）使用同样的方法为下方文字填充合适的颜色，如图4-59所示。

图 4-59

（15）选中素材1文件中的"皇冠"图形，按Ctrl+C组合键进行复制，接着回到当前操作文件，按Ctrl+V组合键进行粘贴，并将其摆放在字母"I"上方。案例完成后的效果如图4-60所示。

图4-60

4.2 切分与擦除

本节将介绍"裁剪工具""刻刀工具""虚拟段删除工具""橡皮擦工具"的使用方法，用户使用这些工具可以进行切分、擦除、裁剪等操作，如图4-61所示。

图4-61

4.2.1 裁剪对象

使用"裁剪"工具能够绘制裁剪框，裁剪框以内的部分将被保留，裁剪框以外的部分将被清除。使用该工具不仅可以裁剪矢量图，还可以裁剪位图。下面以制作按钮光泽感为例，讲解"裁剪"工具的使用方法。

（1）选中图形后，降低图形的透明度，设置合并模式使其变得半透明，如图4-62所示。

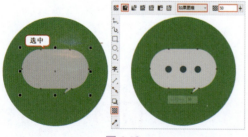

图4-62

（2）选中刚刚制作的半透明图形，选择

工具箱中的"裁剪"工具，在需要保留的位置按住鼠标左键拖曳，如图4-63所示。

图4-63

（3）释放鼠标左键后会显示裁剪框，拖曳裁剪框上的控制点可以调整裁剪框的大小，接着单击"裁剪"按钮或者按Enter键提交裁剪操作，此时裁剪框以外的部分被裁剪掉，效果如图4-64所示。

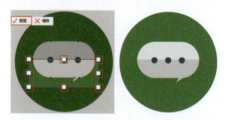

图4-64

（4）如果当前画面中没有被选中的对象，那么进行上述操作将会对画面中的全部对象进行裁剪，如图4-65所示。

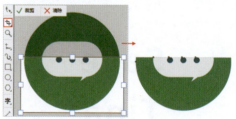

图4-65

4.2.2 切分图形

"刻刀"工具用于将对象拆分为多个独立对象。使用该工具不仅可以切分矢量图，还可以切分位图。

（1）选中图形，选择工具箱中的"刻刀"工具，单击属性栏中的"2点线模式"按钮，在该模式下可以沿直线分割对象。在图形上按住鼠标左键拖曳，释放鼠标左键后移动图形位置可以看到分割效果，如图4-66所示。

CorelDRAW 2022 平面设计案例教程（全彩慕课版）

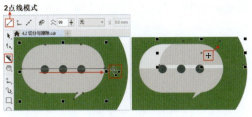

图 4-66

（2）使用"手绘模式"可以沿随意曲线分割对象。单击属性栏中的"手绘模式"按钮，接着在图形上按住鼠标左键拖曳，释放鼠标左键后即可将图形一分为二，选中其中一个图形进行移动，效果如图4-67所示。

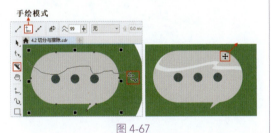

图 4-67

（3）使用"贝塞尔模式"能够以贝塞尔曲线的形态切割对象。单击属性栏中的"贝塞尔模式"按钮，接着在图形上方绘制路径，其方法参考"贝塞尔工具"。要结束绘制时，双击完成切割操作，最后选中其中一个图形进行移动，效果如图4-68所示。

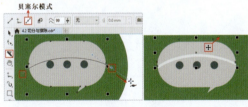

图 4-68

提示：

　　如果当前画面中没有被选中的对象，那么进行上述操作将会对画面中的全部对象进行切分。

4.2.3　删除部分线段

　　使用"虚拟段删除"工具可以删除图形中的部分线段。

（1）选择工具箱中的"虚拟段删除"工具，将光标移动至图形边缘位置，光标呈状后单击即可进行删除，如图4-69所示。

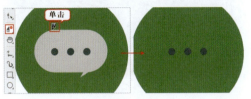

图 4-69

（2）按住鼠标左键拖曳绘制一个矩形框，释放鼠标左键后矩形框内的部分将被删除，如图4-70所示。

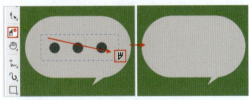

图 4-70

4.2.4　擦除图形局部

　　使用"橡皮擦"工具可对矢量对象或位图对象上的局部进行擦除。

（1）选中一个图形，单击工具箱中的"橡皮擦"工具，然后单击属性栏中的"圆形笔尖"按钮，此时笔尖形态为圆形，在"橡皮擦厚度"数值框内输入数值设置笔尖大小。接着在图形上方按住鼠标左键拖曳，释放鼠标左键后可以看到光标经过的位置被清除，如图4-71所示。

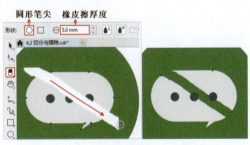

图 4-71

（2）单击属性栏中的"方形笔尖"按钮，可以将笔尖设置为方形，如图4-72所示。

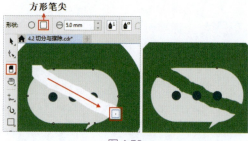

方形笔尖

图 4-72

4.3 其他绘图工具

4.3.1 使用造型功能创建图形

使用"造型"功能可以通过将多个路径组合在一起创建出更复杂的形状。"造型"功能中包含了一系列的组合操作，如焊接、修剪、相交、简化、移出后面对象、移出前面对象、创建边界，用户使用这些功能可以快速创建出所需的形状。

（1）加选两个重叠在一起的图形，在属性栏中可以看到用于进行造型的选项，如图4-73所示。

图 4-73

（2）单击属性栏中的"焊接"按钮，可以将两个图形结合在一起成为一个独立图形，如图4-74所示。

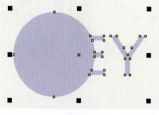

图 4-74

（3）单击属性栏中的"修剪"按钮，可以使用前方图形剪切后方图形的一部分，

移动图形即可查看效果，如图4-75所示。

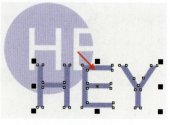

图 4-75

（4）单击属性栏中的"相交"按钮，可以得到所选图形重叠区域的图形，移动图形位置即可查看造型效果，如图4-76所示。

结果

图 4-76

（5）单击属性栏中的"简化"按钮，移动图形位置后可以看到去除了两个图形重叠的区域，如图4-77所示。

图 4-77

（6）单击属性栏中的"移除后面对象"按钮，可以利用下层图形的形状减去上层图形中重叠的部分，如图4-78所示。

图 4-78

（7）单击属性栏中的"移除前面对象"按钮，可以用上层图形减去下层图形中重叠的部分，如图4-79所示。

图 4-79

（8）单击属性栏中的"创建边界"按钮
🔲，能够得到与所选对象整体外形轮廓形状
相同的图形，如图4-80所示。

图 4-80

（9）通过"形状"泊坞窗也能够进行造
型。选中一个图形，如图4-81所示。

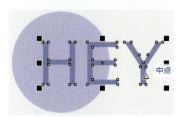

图 4-81

（10）执行"窗口>泊坞窗>形状"命
令，在打开的泊坞窗中单击 ▼ 按钮，在下拉
列表中选择合适的造型功能。这里选择"焊
接"，单击泊坞窗右下角的"焊接到"按钮，
如图4-82所示。

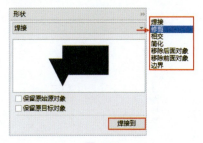

图 4-82

（11）将光标移动至图形上单击即可看
到造型效果，如图4-83所示。

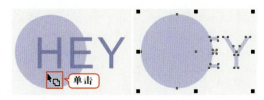

图 4-83

4.3.2 使用"艺术笔"工具

使用"艺术笔"工具 🖍 可以模拟绘制出
毛笔、钢笔的笔触，而使用"喷涂"模式则
可以快速、大量地绘制有趣的图案。选择工
具箱中的"艺术笔"工具，属性栏中包含了
多种画笔模式：预设 ⋈、笔刷 🖌、喷涂 🖌、
书法 ✒、表达式 🖊。

（1）单击"预设"按钮 ⋈，在"笔触宽
度"数值框内输入数值设置笔尖大小，接着
在画面中按住鼠标左键拖曳绘制具有粗细变
化的线条，如图4-84所示。

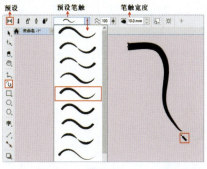

图 4-84

（2）单击属性栏中的"笔刷"按钮 🖌，
在"类别"选项中选择笔刷的种类，这里选
择"飞溅"，然后单击"笔刷笔触"按钮，
在下拉列表中选择合适的笔触。接着在画
面中按住鼠标左键拖曳进行绘制，效果如
图4-85所示。

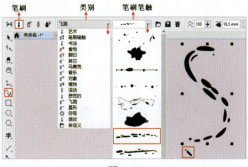

图 4-85

67

（3）单击属性栏中的"喷涂"按钮🖋️，在"类别"选项中选择笔刷的种类。单击"喷射图样"按钮，在下拉列表中根据缩览图选择合适的图样。接着在画面中按住鼠标左键拖曳绘制，释放鼠标左键后可以看到一串有趣的图案，如图4-86所示。

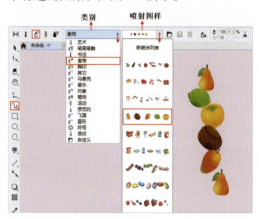

图 4-86

图 4-87

（4）单击属性栏中的"书法"按钮🖋️，"书法角度"用于设置笔触的绘制角度，设置完成后在画面中按住鼠标左键拖曳绘制线条，如图4-88所示。

图 4-88

（5）单击属性栏中的"表达式"按钮🖋️，按住鼠标左键拖曳进行绘制，在该模式下可以模拟压感笔绘画的效果，如图4-89所示。

图 4-89

4.3.3 使用"LiveSketch"工具

使用"LiveSketch"工具可以灵活、自由地绘制及修改矢量线条，它常用于绘制草图。

（1）选择工具箱中的"LiveSketch"工具✏️，在画面中按住鼠标左键拖曳进行绘制，释放鼠标左键后会得到平滑流畅的线条，如图4-90所示。

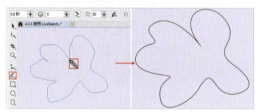

图 4-90

（2）绘制一段路径后，单击属性栏中的"包括曲线"按钮⊙，将光标移动至路径上方，显示红色高亮后按住鼠标左键拖曳进行绘制，释放鼠标左键后可以看到新绘制的路径被添加到了原路径中，如图4-91所示。

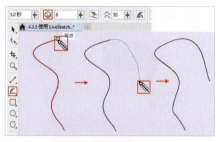

图 4-91

（3）如需更改已有路径的形态，可以选中该路径，确保属性栏中的"创建单条曲线"按钮 ⊠ 为按下状态。接着将光标移动到路径上需要修改的位置，出现红色高亮后按住鼠标左键拖曳进行绘制，释放鼠标左键后可以看到路径走向发生变化，如图4-92所示。

图 4-92

4.3.4 使用智能绘图

使用"智能绘图"工具 ⚠ 能将鼠标随意绘制的图形转换成规整的图形或平滑的曲线。

（1）选择工具箱中的"智能绘图"工具，属性栏中的"形状识别等级"选项用于设置检测形状并将其转换为对象的等级；"智能平滑等级"用于设置创建形状后轮廓平滑等级。按住鼠标左键拖曳绘制一条直线，释放鼠标左键后会自动转换成一条笔直的线段，如图4-93所示。

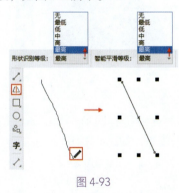

图 4-93

（2）尝试绘制一些稍微复杂的线条，效果如图4-94所示。

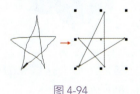

图 4-94

（3）尝试绘制圆形、三角形、矩形，释放鼠标左键后会得到标准的圆形、三角形、矩形，如图4-95所示。

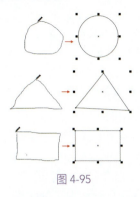

图 4-95

（4）为绘制的图形填充颜色，将其组合成一幅几何风格海报，效果如图4-96所示。

图 4-96

4.3.5 实操：制作 App 图标

文件路径：资源包\案例文件\第4章 高级绘图\实操：制作App图标

案例效果如图4-97所示。

图 4-97

1. 项目诉求

本案例需要设计一款手机App的图标。这款App可以为用户提供绿色生活方式的建议和指南，如低碳出行、绿色消费、废物循环利用等，引导用户实践环保理念，关注地球和生态环境。图标设计要求简单易懂，使用户能够快速识别其功能与用途。

2. 设计思路

根据App的名称，用户很直观地就能够联想到绿树的形象。图标以绿树形象作为其主体图形，简洁明了，图文一致，清晰直接。通过色彩的搭配，增强了图形的层次感，丰富了图形的视觉表现力，提升了图标的趣味性。

3. 配色方案

图标使用的颜色尽可能贴合大自然中的色彩。以晴空中的浅青色作为底色，给人以干净、明亮的视觉感受，草绿色与棕色进行搭配，贴合真实的树木色彩，使树木图形更加生动、自然。本案例的配色如图4-98所示。

图 4-98

4. 项目实战

（1）执行"文件>打开"命令将素材1打开，如图4-99所示。

图 4-99

（2）选择工具箱中的"椭圆形"工具○，在画面的空白位置按住Ctrl键的同时按住鼠标左键拖曳绘制一个正圆，如图4-100所示。

图 4-100

（3）选中正圆，选择工具箱中的"交互式填充"工具◈，单击属性栏中的"均匀

填充"按钮，设置"填充色"为绿色，如图4-101所示。

图 4-101

（4）使用同样的方法制作其他图形，如图4-102所示。

图 4-102

（5）选中所有正圆图形，在右侧调色板中右击"无"按钮去除轮廓色，如图4-103所示。

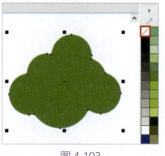

图 4-103

（6）选中所有图形，单击属性栏中的"焊接"按钮，如图4-104所示。

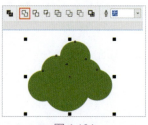

图 4-104

（7）复制该图形，并填充为稍深的颜色，如图4-105所示。

图 4-105

（8）选择工具箱中的"椭圆形工具"，在深绿色图形左侧绘制一个椭圆，如图4-106所示。

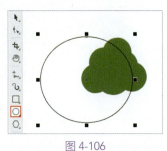

图 4-106

（9）选中椭圆和深绿色图形，单击属性栏中的"简化"按钮，如图4-107所示。

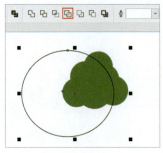

图 4-107

（10）删除椭圆图形，显示出底部的浅绿色图形，如图4-108所示。

图 4-108

（11）选择工具箱中的"椭圆形"工具，在绿色图形左上角绘制一个椭圆，在右侧调色板中右击"无"按钮去除轮廓色。选中椭圆，选择工具箱中的"交互式填充"工具，单击属性栏中的"均匀填充"按钮，设置

"填充色"为芥末黄色，如图4-109所示。

图 4-109

（12）选中椭圆，选择工具箱中的"透明度"工具，单击属性栏中的"均匀透明度"按钮，设置"合并模式"为乘、"透明度"为30，如图4-110所示。

图 4-110

（13）复制两次该椭圆形，适当调整其大小和位置。使用"钢笔"工具在下方绘制树干，将其填充为棕色。接着选中树叶所有图形并移动到树干上方，如图4-111所示。

图 4-111

（14）将小树所有图形移动至画面的中心位置，案例完成后的效果如图4-112所示。

图 4-112

4.4 创建奇特的图形

CorelDRAW的工具箱中有一组可以制作出奇特效果的工具，包括"阴影"工具、"轮廓图"工具、"混合"工具、"变形"工具、"封套"工具、"立体化"工具、"块阴影"工具，如图4-113所示。

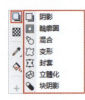

图 4-113

4.4.1 阴影

使用"阴影"工具可以在图形后方或图形内部添加阴影，使图形产生一定的空间感。

（1）选中对象，选择工具箱中的"阴影"工具，单击属性栏中的"阴影"工具按钮，在该模式下可以添加向后的阴影，接着在图形上方按住鼠标左键拖曳，如图4-114所示。

图 4-114

（2）拖曳➡■控制点可以调整阴影与对象之间的距离，如图4-115所示。在属性栏中选择"阴影偏移"选项也可以调整阴影与图形之间的距离。

图 4-115

（3）除了可以手动添加阴影，还可以单击属性栏中的"预设"按钮，在下拉列表中选择预设阴影效果，如图4-116所示。

图 4-116

（4）单击属性栏中的"阴影颜色"按钮，可以设置阴影的颜色。"合并模式"用于设置阴影颜色与底层内容的混合方式，如图4-117所示。

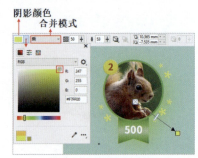

图 4-117

（5）"阴影不透明度"选项用于设置阴影的透明效果。数值越小，阴影越透明。图4-118所示为不同阴影不透明度参数的对比效果。

阴影不透明度：50　　　阴影不透明度：85

图 4-118

（6）"阴影羽化"选项用于调整阴影边缘的虚化效果，数值越大，边缘虚化效果越强。图4-119所示为不同阴影羽化参数的对比效果。

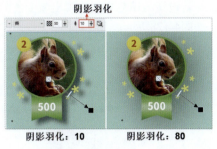

图 4-119

（7）制作"内阴影"效果。选择"阴影工具"，单击属性栏中的"内阴影工具"按钮■，在该模式下能够添加向内的阴影效果。"内阴影宽度"选项■用于设置内阴影的宽度，数值越大，阴影向内的距离越远，如图4-120所示。

图 4-120

（8）单击属性栏中的"清除阴影"按钮即可将阴影去除。

4.4.2 轮廓图

使用"轮廓图"工具可以向图形内部或外部添加依次减小或增大的同心形状。

（1）选中图形，选择工具箱中的"轮廓图"工具■，将光标移动至图形上方按住鼠标左键拖曳，释放鼠标左键后即完成轮廓图的创建，如图4-121所示。

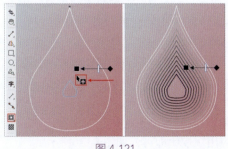

图 4-121

（2）单击属性栏中的"预设列表"按钮，在列表中可以选择预设的轮廓图效果，如图4-122所示。

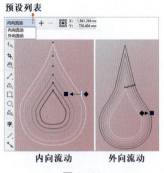

图 4-122

（3）轮廓图有3种模式。第一种模式是"到中心"■，在该模式下可以创建由外向中心的轮廓图效果。"轮廓图偏移"选项用于编辑每个轮廓之间的距离，数值越小，包含的步数就越多。图4-123所示为不同轮廓图偏移参数的对比效果。

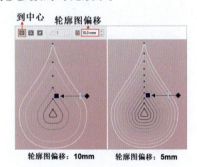

图 4-123

第二种模式为"内部轮廓"■，在该模式下可以向内部创建新的图形。通过在"轮廓图步长"数值框内输入数值，可以控制轮廓图的数量。图4-124所示为不同轮廓图步长参数的对比效果。

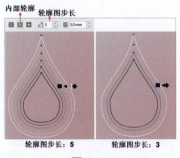

图 4-124

第三种模式为"外部轮廓" 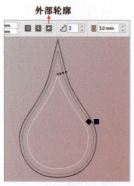，在该模式下可以向外部创建新的图形。它同时受到"轮廓图步长"和"轮廓图偏移"参数的影响，如图4-125所示。

图 4-125

（4）"轮廓色"选项用于选择对象的轮廓颜色，如图4-126所示。

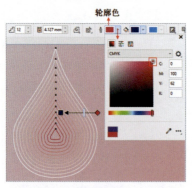

图 4-126

（5）"轮廓色顺序"选项用于设置轮廓色的颜色变化序列。单击轮廓色顺序按钮，下拉菜单中提供了"线性轮廓色""顺时针轮廓色""逆时针轮廓色"3种顺序。图4-127所示为3种顺序的对比效果。

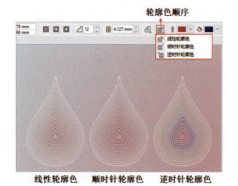

图 4-127

（6）"填充色"选项用于设置轮廓图的填充颜色。设置好填充色后，图形原有的填色会与新设置的填色之间呈现出渐变色的效果，如图4-128所示。

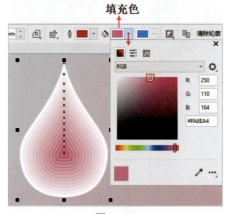

图 4-128

（7）"对象和颜色加速"选项用于调整轮廓中对象大小和颜色变化的过渡效果。单击属性栏中的"对象和颜色加速"按钮，接着单击下拉面板中的按钮将其解锁，拖曳"对象"和"颜色"滑块调整颜色过渡效果，如图4-129所示。

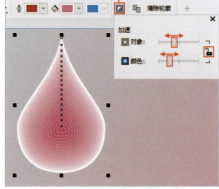

图 4-129

（8）选中创建了轮廓图的对象，单击属性栏中的"清除轮廓"按钮可以将轮廓图去除。

（9）在"轮廓图"泊坞窗中也可以创建轮廓图。执行"窗口>泊坞窗>效果>轮廓图"命令（按Ctrl+F9组合键），在打开的"轮廓图"泊坞窗中进行相应的设置，然后单击"应用"按钮即可，如图4-130所示。

图 4-130

4.4.3 混合

"混合"工具是一种创造性的绘图工具，可以将两个或多个对象混合，从而制作出中间渐变的效果。使用"混合"工具不仅可以创建出形态上的混合，还可以创建出颜色上的混合。"混合"工具常用于创建出创建连续的图形。

（1）准备两个图形，选择工具箱中的"混合"工具，按住鼠标左键从一个图形向另外一个图形上方拖曳，释放鼠标左键后即可创建混合，如图4-131所示。

图 4-131

（2）在多个图形之间也可以创建混合。首先在两个图形上方拖曳创建混合，接着从第二个图形向第三个图形上方拖曳，释放鼠标左键后即完成3个图形之间的混合操作，如图4-132所示。

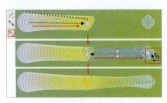

图 4-132

提示:

在创建混合时，按住Alt键并按住鼠标左键拖曳，可以使图形按照鼠标的路线创建混合路径，如图4-133所示。

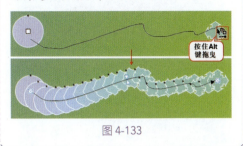

图 4-133

（3）拖曳⊠控制点可以更改混合轴的走向，如图4-134所示。

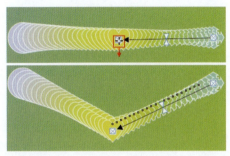

图 4-134

提示:

在混合轴上方双击即可添加控制点，如图4-135所示。

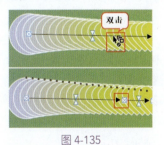

图 4-135

（4）选中图形，更改图形颜色可以更改混合效果，如图4-136所示。

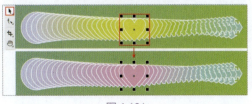

图 4-136

（5）移动图形位置也可以更改混合效果，如图4-137所示。

图 4-137

（6）调整图形大小同样可以更改混合效果，如图4-138所示。

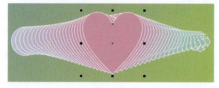
图 4-138

（7）混合产生的新图形的数量可以通过"调和步长"选项控制。选中混合对象，在"调和步长"数值框内输入数值即可。图4-139所示为不同调和步长参数的对比效果。

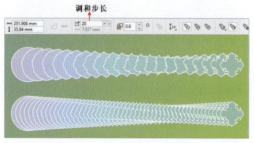
图 4-139

（8）混合轴可以替换。首先绘制一段路径，选中混合对象，单击属性栏中的路径属性按钮，执行"新建路径"命令。接着在绘制的路径上方单击，即可将该路径设置为混合轴，如图4-140所示。

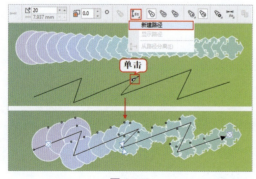
图 4-140

（9）"调和方式"选项用于更改颜色渐变顺序，有"直接调和"、"顺时针调和"和"逆时针调和"3种方式，如图4-141所示。

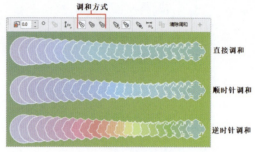
图 4-141

（10）默认图形之间距离相等，通过"对象和颜色加速"选项可以更改混合对象之间的密度和颜色过渡效果。选中混合对象，单击属性栏中的"对象和颜色加速"按钮，在下拉面板中可以对"对象"和"颜色"两个属性进行调整，如图4-142所示。

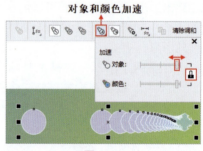
图 4-142

提示：
　　拖曳混合轴上方的三角形滑块也可以更改调和对象的密度分布，如图4-143所示。

图 4-143

（11）单击属性栏中的"清除调和"按钮即可去除混合。

（12）执行"窗口>泊坞窗>效果>混合"命令，在打开的"混合"泊坞窗中也可以创建混合效果，如图4-144所示。

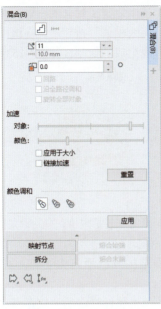

图 4-144

4.4.4 变形

使用"变形"工具可以创建不规律的变形效果，还可以对创建的效果进行修改和去除。

（1）选中一个图形，选择工具箱中的"变形"工具![icon]。单击属性栏中的"推拉变形"按钮![icon]，然后在图形上方按住鼠标左键拖曳，拖曳的距离越远，变形效果越强，释放鼠标左键后即可完成变形操作，如图4-145所示。

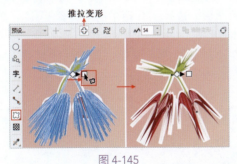

图 4-145

（2）除了"推拉变形"模式外，在属性栏中还可以选择"拉链变形"和"扭曲变形"两种模式。在"拉链变形"模式下可以创建锯齿边缘的变形效果，在"扭曲变形"模式下可以创建旋涡状的变形效果，如图4-146所示。

图 4-146

（3）拖曳控制点![icon]可以更改变形效果。向图形外拖曳可增强变形效果，向图形内拖曳可以减弱变形效果。这与属性栏中的"推拉振幅"选项的作用相同，如图4-147所示。

图 4-147

（4）拖曳◇控制点可以更改变形的起始位置，如图4-148所示。

图 4-148

（5）选中变形后的对象，单击属性栏中的"居中变形"按钮![icon]，即可将变形的起点定位在图形的中心位置，如图4-149所示。

图 4-149

（6）选中变形后的对象，单击属性栏中的"清除变形"按钮，即可将变形效果清除。

4.4.5 封套

使用"封套"工具可以通过自定义的封套形状来扭曲或变形对象。简单地说，封套形状就像一个容器，用户可以将对象放入其中，然后通过调整容器的形状来扭曲对象。取消封套后，对象可恢复为原始形态。

（1）选中一个图形，选择工具箱中的"封套"工具，此时会显示用于编辑封套的控制框，拖曳控制点即可进行变形，如图4-150所示。

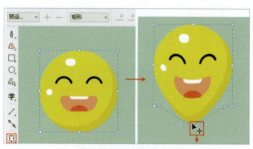

图 4-150

（2）拖曳控制框也可以进行变形，如图4-151所示。

图 4-151

（3）选中控制点后，配合属性栏中的矢量编辑工具对控制框形状进行更改，如图4-152所示。

图 4-152

（4）选中创建了封套的图形，单击属性栏中的"直线模式"按钮，在该模式下可以应用直线组成的封套，如图4-153所示。

图 4-153

（5）单击属性栏中的"单弧模式"按钮，在该模式下可进行弧形变形，使对象呈现出凹面结构或凸面结构外观，如图4-154所示。

（6）单击属性栏中的"双弧模式"按钮，在该模式下可以创建一边或多边带 S 形的封套，如图4-155所示。

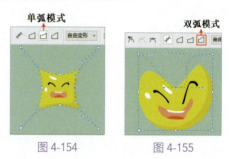

图 4-154　　　　图 4-155

（7）根据其他矢量形状也可以创建封套。首先绘制一个矢量图形，选中需要变形的图形，选择工具箱中的"封套工具"，单击属性栏中的"创建封套自"按钮，接着在绘制的图形上方单击即可创建封套，如图4-156所示。

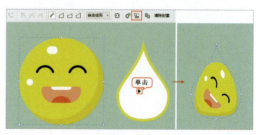

图 4-156

（8）选中创建封套扭曲的对象，单击属性栏中的"清除封套"按钮即可去除封套扭曲。

（9）执行"效果>封套"命令，在"封套"泊坞窗中可以选择更多预设的封套，还可进行其他的编辑操作，如图4-157所示。

图 4-157

4.4.6 立体化

使用"立体化"工具可以使平面图形产生三维效果。

（1）选中一个图形，选择工具箱中的"立体化"工具，在图形上方按住鼠标左键拖曳，释放鼠标左键后即完成立体化的创建操作，如图4-158所示。

图 4-158

（2）拖曳✕控制点可以更改灭点的位置，如图4-159所示。

图 4-159

（3）拖曳控制柄上的滑块可以调整立体化效果的深度，这与属性栏中的"深度"选项作用相同，在数值框内输入数值后按Enter键提交操作即可，如图4-160所示。

深度

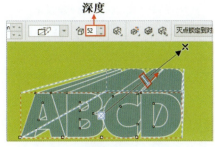

图 4-160

（4）选中立体化图形，单击属性栏中的"立体化旋转"按钮，在下拉面板中按住鼠标左键拖曳，释放鼠标左键后即可旋转立体化对象，如图4-161所示。

图 4-161

提示：

使用"立体化工具"在立体图形上方双击，会显示立体化旋转控制框，按住鼠标左键拖曳可进行立体化旋转，如图4-162所示。

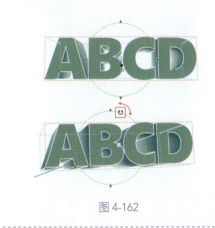

图 4-162

（5）选中立体图形，单击属性栏中的"立体化颜色"按钮，在下拉面板中默认选择"使用对象填充"模式，在该模式下立面以图形自身的颜色进行填充，如图4-163所示。

图 4-163

（6）在"使用纯色" ■模式下可以设置
立面的颜色，单击"倒三角" ▾，在下拉面
板中选择颜色，效果如图4-164所示。

图 4-164

（7）在"使用递减的颜色" ■模式下能
够制作出立面颜色渐变的效果，分别设置
"从"和"到"的颜色，如图4-165所示。

图 4-165

（8）通过"立体化倾斜"选项能够为立
体图形添加斜角。选中立体化图形，单击属
性栏中的"立体化倾斜"按钮 ，在下拉面
板中勾选"使用斜角"复选框，然后拖曳控
制点 ⌒ 调整斜角效果，如图4-166所示。

（9）选中立体化图形，单击属性栏中的
"立体化照明"按钮 ，在下拉面板中勾选
光源"1"即可添加光源。在网格中拖曳光
源控制点 ❶ 的位置可以更改光照的来源，如
图4-167所示。

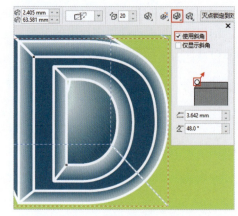

图 4-166

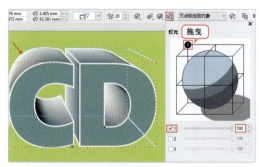

图 4-167

（10）选中立体化图形，单击属性栏中
的"清除立体化"按钮即可去除立体化效
果。

（11）执行"效果>立体化"命令，在打
开的"立体化"泊坞窗中创建与编辑立体化
效果，如图4-168所示。

图 4-168

CorelDRAW 2022
平面设计案例教程（全彩慕课版）

4.4.7 块阴影

　　使用"块阴影"工具 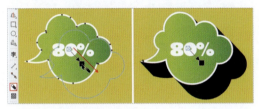可以为对象添加边界清晰的矢量感阴影。

　　（1）选中图形，选择工具箱中的"块阴影"工具，在图形上方按住鼠标左键拖曳，释放鼠标左键后即完成块阴影效果的添加操作，如图4-169所示。

图 4-169

　　（2）拖曳 ➤■ 控制点可以更改块阴影的位置。在属性栏中的"深度"数值框内输入数值可以设置块阴影的大小，在"定向"数值框内输入数值可以设置块阴影的角度，如图4-170所示。

图 4-170

　　（3）单击属性栏中的"块阴影颜色" ◇□ 按钮，可以更改块阴影的颜色，如图4-171所示。

图 4-171

　　（4）单击属性栏中的 按钮，然后在"展开块阴影" 数值框内输入数值，可以设置图形边缘增量，如图4-172所示。

图 4-172

　　（5）单击"简化"按钮，激活该选项后可以对图形和块阴影之间重叠的区域进行修剪，如图4-173所示。

图 4-173

　　（6）选中添加了块阴影的图形，单击属性栏中的"清除块阴影"按钮 ，即可将块阴影效果去除。

4.5 扩展练习：鲜果电商网页通栏广告

　　文件路径：资源包\案例文件\第4章高级绘图\扩展练习：鲜果电商网页通栏广告

　　案例效果如图4-174所示。

图 4-174

1. 项目诉求

本案例需要制作以新鲜水果为主要销售产品的电商网页通栏广告。广告设计要求吸引消费者关注，突出以新鲜水果作为主要销售产品。同时要求明确展示活动内容及折扣力度，以吸引用户点击购买。

2. 设计思路

该广告旨在展示水果的新鲜与优惠力度较大两大卖点，因此采用了字号较大的文字作为主体内容，突出展示产品与活动内容，从而有效传递广告信息。同时利用色彩的差异使卖点信息更加突出，从而迅速吸引用户目光并促使用户执行操作。

3. 配色方案

嫩绿色与白色的搭配具有鲜活、天然的象征意义，给人一种健康、安全的心理暗示。高纯度的橙色作为点缀，让画面更富活力和阳光气息。黑色作为具有号召力的按钮色彩，与其他色彩形成鲜明的对比，成为页面的视觉焦点，这极大地增强了整个版面的视觉重量感和冲击力。本案例的配色如图4-175所示。

图 4-175

4. 项目实战

（1）执行"文件>新建"命令，创建一个"宽度"为950px、"高度"为450px的横向文件。双击工具箱中的"矩形工具"按钮，绘制一个与画板等大的矩形，如图4-176所示。

图 4-176

（2）在矩形被选中的状态下，双击界面底部的"编辑填充"按钮 ◇ ，在弹出的窗口中单击"均匀填充"按钮，选中"颜色查看

器"选项，选择一种合适的黄绿色，单击"OK"按钮，如图4-177所示。

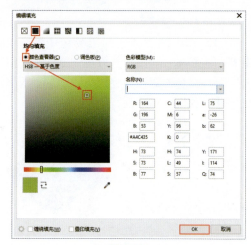

图 4-177

（3）在右侧调色板中右击"无"按钮去除轮廓色，如图4-178所示。

图 4-178

（4）执行"文件>打开"命令，在弹出的"打开绘图"窗口中选中素材1（1.crd），接着单击"打开"按钮。在打开的文件中选择一组文字，按Ctrl+C组合键进行复制，接着回到当前操作文件，按Ctrl+V组合键进行粘贴，并将其摆放在画面的合适位置，如图4-179所示。

图 4-179

（5）选择工具箱中的"钢笔"工具，在画面的合适位置绘制图形，如图4-180所示。

图 4-180

CorelDRAW 2022 平面设计案例教程（全彩慕课版）

（6）在图形被选中的状态下，双击界面底部的"编辑填充"按钮◇，在弹出的窗口中单击"均匀填充"按钮，选中"颜色查看器"选项，选择一种合适的橙色，单击"OK"按钮提交操作，最后去除轮廓色，如图4-181所示。

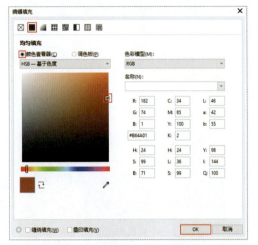

图 4-181

（7）选中图形，选择工具箱中的"阴影"工具，在图形上按住鼠标向下拖曳，释放鼠标左键后即添加阴影，接着在属性栏中设置"阴影不透明度"为36、"阴影羽化"为4，如图4-182所示。

图 4-182

（8）选择工具箱中的"钢笔"工具，在不规则图形上绘制图形，如图4-183所示。

图 4-183

（9）选中图形，选择工具箱中的"交互

式填充"工具，单击属性栏中的"渐变填充"按钮，然后在右侧选择"线性渐变填充"，设置完成后调整颜色节点，编辑一个橙色系渐变，最后去除轮廓色，如图4-184所示。

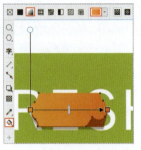

图 4-184

（10）选择工具箱中的"椭圆形"工具，在橙色渐变图形左上角按住Ctrl键的同时按住鼠标左键拖曳绘制一个正圆，如图4-185所示。

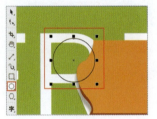

图 4-185

（11）选中正圆，选择工具箱中的"交互式填充"工具，单击属性栏中的"均匀填充"按钮■，设置"填充色"为深灰色，并去除轮廓色，如图4-186所示。

图 4-186

（12）选择工具箱中的"2点线"工具，在橙色渐变图形下方的合适位置按住Shift键的同时按住鼠标左键拖曳绘制一条直线。接着在右侧调色板中右击白色，设置"轮廓色"为白色。在属性栏中设置"轮廓宽度"为1.5px，如图4-187所示。

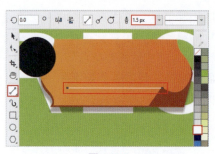

图 4-187

（13）选择工具箱中的"矩形"工具，单击属性栏中的"圆角"按钮，设置"圆角半径"为20.0px，然后在画面底部绘制一个圆角矩形。在右侧调色板中右击白色，设置"轮廓色"为白色，并在属性栏中设置"轮廓宽度"为2.0px，如图4-188所示。

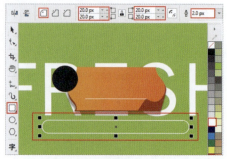

图 4-188

（14）使用同样的方法在画面顶部绘制一个圆角矩形，如图4-189所示。

图 4-189

（15）继续使用工具箱中的"矩形"工具在圆角矩形下方绘制一个矩形，并设置"填充色""轮廓色"均为黑灰色，如图4-190所示。

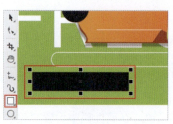

图 4-190

（16）选中矩形，按住鼠标左键向右侧拖曳，至合适位置右击进行移动并复制，此时画面效果如图4-191所示。

图 4-191

（17）在打开的素材1文件中选择一组文字，按Ctrl+C组合键进行复制，接着回到当前操作文件，按Ctrl+V组合键进行粘贴，并将其摆放在黑色正圆上，如图4-192所示。

图 4-192

（18）使用同样的方法复制其他文字，并摆放到画面合适的位置，如图4-193所示。

图 4-193

（19）执行"文件>导入"命令，导入素材2（2.png）和素材3（3.png），将其摆放在画面右侧。案例完成后的效果如图4-194所示。

图 4-194

CorelDRAW 2022

平面设计案例教程（全彩慕课版）

4.6 课后习题

1 选择题

1. 在CorelDRAW中，要将鼠标随意绘制的图形转换成规整的图形或平滑的曲线，应使用哪个工具？（ ）

   A．"手绘"工具

   B．"LiveSketch"工具

   C．"形状"工具

   D．"智能绘图"工具

2. 在CorelDRAW中，要编辑对象的节点，应使用哪个工具？（ ）

   A．"刻刀"工具

   B．"形状"工具

   C．"钢笔"工具

   D．"橡皮擦"工具

3. 在CorelDRAW中，要创建复杂的曲线或路径，应使用哪个工具？（ ）

   A．"橡皮擦"工具

   B．"钢笔"工具

   C．"形状"工具

   D．"裁剪"工具

2 填空题

1. 若要在CorelDRAW中为对象添加阴影效果，应使用（ ）工具。

2. 若要在CorelDRAW中擦除对象的一部分，应使用（ ）工具。

3 判断题

1. 使用"混合"工具只能在两个对象之间创建混合效果。

   （ ）

2. "轮廓图"工具可以用于创建对象的内外轮廓。 （ ）

课后实战

● 绘制插画

使用"钢笔"工具创建一个复杂的路径形状，例如卡通形象或植物。使用其他绘图工具，例如"手绘"工具、造型功能、艺术笔等添加细节和装饰，以创造一幅独特的插画作品。

第5章

对象的编辑与管理

本章将要介绍的功能都是针对已有对象的操作，通过本章的学习，读者可以对对象进行旋转、镜像、缩放、倾斜、扭曲等多种形式的变换。另外，本章还将介绍对象的组合、调整对象顺序、对齐与分布、隐藏、锁定对象等操作，这些操作可以方便读者管理对象，帮助读者提高工作效率。

本章要点

⭐ 知识要点

❖ 学会"自由变换"工具的使用方法；

❖ 掌握添加透视效果的方法；

❖ 掌握对象管理的各项操作；

❖ 掌握位图与矢量图相互转换的方法。

5.1 对象变换

在CorelDRAW中，不仅可以直接对对象进行移动、缩放、旋转等操作，还可以运用"自由变换"工具、"变换"泊坞窗及"添加透视"命令进行多种变换操作。

5.1.1 "自由变换"工具

使用"自由变换"工具可以进行旋转、镜像、缩放、倾斜等变换操作。其操作方式灵活，在属性栏中选择相应的模式，按住鼠标左键拖曳即可进行相应的变换。

（1）选择工具箱中的"自由变换"工具 ，单击属性栏中的"自由旋转"按钮 ，在图形上按住鼠标左键拖曳，可以光标所在的位置为中心点进行旋转，如图5-1所示。

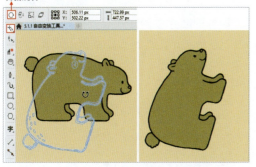

图 5-1

> 提示：
>
> "自由变换"工具位于"挑选"工具组中，单击该工具组右下角的小三角号，即可看到隐藏在其中的"自由变换"工具。

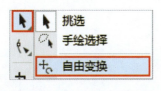

（2）单击属性栏中的"自由角度反射"按钮 ，按住鼠标左键拖曳可以让图形做圆周运动来反射运动，释放鼠标左键后即完成变换，如图5-2所示。

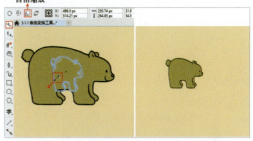

图 5-2

（3）单击属性栏中的"自由缩放"按钮 ，按住鼠标左键拖曳即可以光标位置为中心点进行缩放，如图5-3所示。

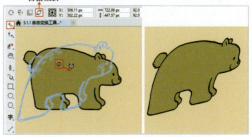

图 5-3

> 提示：
>
> 在"自由缩放"模式下进行缩放时，按住Ctrl键拖曳可以等比进行自由缩放。

（4）单击属性栏中的"自由倾斜"按钮 ，在图形上方按住鼠标左键拖曳，释放鼠标左键后即可倾斜对象，如图5-4所示。

图 5-4

5.1.2 变换泊坞窗

用户在"变换"泊坞窗中可以对图形进行精准的移动、旋转、缩放、镜像、倾斜等变换操作，还可以在变换的同时进行制定副本数的复制操作。

（1）执行"窗口>泊坞窗>变换"命令

或者按Alt+F7组合键打开"变换"泊坞窗。泊坞窗顶部有一排按钮可供选择变换的方式，如图5-5所示。

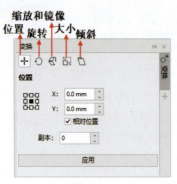

图 5-5

（2）通过制作放射状背景学习该功能的使用方法。绘制一个矩形并选中，如图5-6所示。

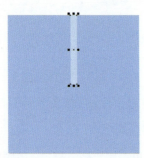

图 5-6

（3）单击"变换"泊坞窗顶部的"位置"按钮，在该选项卡中可以精准移动图像的位置。"X"选项用于设置水平移动的距离；"Y"选项用于设置垂直移动的距离，这里设置一定的"Y"数值；"副本"选项用于设置图形复制的数量，这里设置"副本"为1，设置完成后单击"应用"按钮提交操作。此时可以看到矩形被复制一份且向下方移动，如图5-7所示。

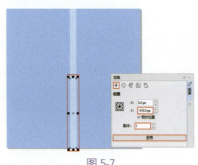

图 5-7

（4）加选两个矩形，按Ctrl+G组合键进行编组。接着选中矩形，单击"变换"泊坞窗顶部的"旋转"按钮，"角度"选项用于设置旋转的角度，这里设置为15°。设置"对象原点"为中、"副本"为11，单击"应用"按钮，如图5-8所示。

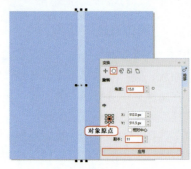

图 5-8

提示：

　　"原点"位置会影响变换效果，默认"原点"位置在图形中间。"原点"共有9个控制点，在控制点上方单击即可进行旋转。图5-9所示为以下中位置作为"原点"的选中效果。

图 5-9

（5）此时矩形被旋转15°的同时会复制11份，如图5-10所示。至此放射状背景就制作好了，最后添加前景内容，效果如图5-11所示。

图 5-10

图 5-11

（6）选中前景的图形，单击"变换"泊

CorelDRAW 2022　平面设计案例教程（全彩慕课版）

坞窗顶部的"缩放和镜像"按钮，在"X"和"Y"数值框内输入数值设置缩放的比例，接着单击"应用"按钮提交操作，如图5-12所示。

图 5-12

（7）此时的缩放效果如图5-13所示。

图 5-13

（8）如果想要将对象设定为特定尺寸，可以选中图形，单击"变换"泊坞窗顶部的"大小"按钮。在"W"数值框内输入数值可以设置图形的宽度；在"H"数值框内输入数值可以设置图形的高度。设置完成后单击"应用"按钮提交操作，如图5-14所示。

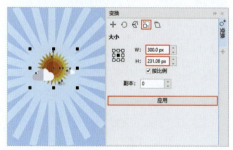

图 5-14

（9）这里尝试"倾斜"变换方式。单击"变换"泊坞窗顶部的"倾斜"按钮，在"X"和"Y"数值框内输入数值，单击"应用"按钮提交操作，如图5-15所示。

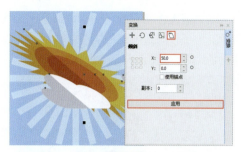

图 5-15

5.1.3 制作透视效果

"透视"命令可以通过拖曳控制点的方式使图形产生带有透视感的变形效果，常用于制作包装、书籍封面、名片等带有立体感的展示效果中。

该命令不仅可以应用于矢量图，还可以应用于位图。这里以制作包装盒的展示效果为例，讲解如何"添加透视"命令。

（1）选中需要变形的对象，执行"对象>透视点>添加透视"命令，此时对象四周显示红色网格。将光标移动至左上角的控制点上方，按住鼠标左键拖曳，释放鼠标左键后即可进行变形，如图5-16所示。

图 5-16

（2）变形时可以参照下方包装盒的形态，如图5-17所示。

图 5-17

（3）拖曳控制点进行变形，原本平面的图像变为了带有透视感的图像，也因此与立体包装盒的形态更匹配，效果如图5-18所示。

图 5-18

（4）执行"对象>清除透视点"命令即可去除透视效果，使图形恢复到初始状态。

5.2 对象管理

文件对象的管理包括组合、调整顺序、对齐与分布、隐藏、锁定等操作，这些操作可以帮助用户更加方便、快捷地制图。

5.2.1 组合多个对象

使用"组合"命令可以将两个或两个以上的对象编组，组合后的对象将作为一个整体进行移动、变换等操作。

（1）加选两个对象，执行"对象>组合>组合"命令或者按Ctrl+G组合键即可进行组合。组合后图形外观并没有发生变化，此时移动位置可以看到编组的对象被同时移动，如图5-19所示。

图 5-19

（2）选中要取消组合的对象，执行"对象>组合>取消群组"命令或者按Ctrl+U组合键。

（3）如果该组中包括多个嵌套的组，那么执行"对象>组合>全部取消组合"命令即可将该组的所有对象拆分为独立对象。

5.2.2 调整对象顺序

在文件中，排列靠前的对象会得到优先显示，而排列在底层的对象会被上层的对象内容遮盖住。使用"顺序"命令可以移动图形的前后顺序，从而影响画面的效果。

（1）选中一个对象，如图5-20所示。

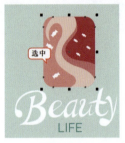

图 5-20

（2）执行"对象>顺序"命令，在弹出的子菜单中可以根据名称判断命令的用途，如图5-21所示。

图 5-21

（3）执行"对象>顺序>到图层前面"命令或者按Shift+Page Up组合键即可将图形移动到画面的最前方，如图5-22所示。

图 5-22

（4）还可以将对象移动到指定对象的前方或后方。选中对象，执行"对象>顺序>置于此对象前"命令，接着在目标对象上方单击，即可将选中的对象移动到目标对象的前方，如图5-23所示。

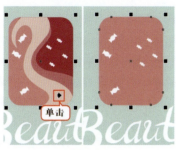

图 5-23

5.2.3 对齐与分布

当版面中的对象需要整齐排列时，可以使用"对齐与分布"功能实现。

（1）加选多个对象，单击属性栏中的"对齐与分布"按钮 或者执行"窗口>泊坞窗>对齐与分布"命令，都可以打开"对齐与分布"泊坞窗，如图5-24所示。

图 5-24

（2）在"对齐"选项组中可以看到多种对齐方式：左对齐 、水平居中对齐 、右对齐 、顶端对齐 、垂直居中对齐 、底端对齐 。单击"垂直居中对齐"按钮 ，所选图形将以垂直方向中心为准进行对齐，如图5-25所示。

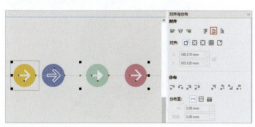

图 5-25

（3）在"分布"选项组中可以看到多种

对象分布的方式：左分散排列 、水平分散排列中心 、右分散排列 、水平分散排列间距 、顶部分散排列 、垂直分散排列中心 、底部分散排列 、垂直分散排列间距 。单击"水平分散排列中心"按钮 ，将从对象的中心起以相同的距离水平排列对象，如图5-26所示。

图 5-26

5.2.4 隐藏对象

当画面中对象的数量较多时，可以将影响操作的对象暂时隐藏，等需要时再显示出来。注意，隐藏的对象仍然存在于文件中。

（1）选中图形，执行"对象>隐藏>隐藏"命令，即可将选中的图形隐藏，如图5-27所示。

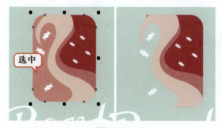

图 5-27

（2）执行"对象>隐藏>全部显示"命令，即可将所有隐藏的对象显示出来。

5.2.5 锁定对象

"锁定"是指将对象固定于所在的位置上。锁定后该对象将无法被选中，但可以进行"解锁"以解除锁定。

（1）选中图形，执行"对象>锁定>锁定"命令，或者右击执行"锁定"命令即可进行锁定。对象被锁定后定界框带有 图标，如图5-28所示。

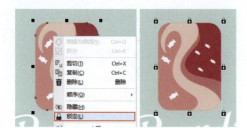

图 5-28

（2）在锁定对象上右击执行"解锁"命令即可将对象解锁，如图5-29所示。

图 5-29

（3）如果要解锁全部被锁定对象，可以执行"对象>锁定>全部解锁"命令。

5.2.6 将轮廓转换为对象

使用"将轮廓转换为对象"命令可以将图形的轮廓转换为边框的图形。

（1）选中一个仅有轮廓的图形，如图5-30所示。

图 5-30

（2）执行"对象>将轮廓转换为对象"命令，轮廓会被转换为图形对象。此时可以看到原本仅有一条路径的对象变为由内、外两条路径组成的图形，如图5-31所示。

图 5-31

5.2.7 控制对象显示区域

使用"图框精确剪裁"命令可以隐藏对象的局部。创建"图框精确剪裁"至少需要两个对象：一个是内容对象，另一个是图框对象。内容对象可以是矢量图，也可以是位图，可以是一个也可以是多个；图框用于控制显示的范围，只能是一个，且必须是矢量对象，如图5-32所示。

图 5-32

（1）选中位图，执行"对象>PowerClip>置于图文框内部"命令，光标会变为 ◆ 状，在圆形上方单击，如图5-33所示。

图 5-33

（2）此时内容对象只显示圆形内的部分，而圆形外的部分则被隐藏。创建"图框精确剪裁"后会显示浮动控制栏，单击"编辑"按钮，如图5-34所示。

图 5-34

（3）此时会选中内容对象并且会突出显示，不仅可以对内容对象进行缩放、移动，还可以添加效果。编辑完成后单击"完成"按钮就可以退出内容的编辑操作了，如图5-35所示。

图 5-35

（4）单击浮动控制栏中的"选择内容"按钮 ⟨⟩ 也可以将内容对象选中，只是不会突出显示，如图5-36所示。

选择内容

图 5-36

（5）单击浮动控制栏中的"调整内容"按钮，可以在下拉列表中选择内容对象位于图框中的填充方式，如图5-37所示。

图 5-37

（6）默认情况下，图框对象与内容对象处于锁定状态，移动图框精确剪裁对象的位置，二者会同时被移动，如图5-38所示。

图 5-38

（7）单击"锁定内容"按钮，使其处于解锁状态 ⟨⟩。接着移动图框的位置，此时内容对象的位置不会发生变化，如图5-39所示。

图 5-39

（8）单击浮动控制栏中的"提取内容"按钮 ⟨⟩ 即可释放图框精确剪裁，将内容对象从图框中提取出来，如图5-40所示。

图 5-40

（9）移动图片位置可以看到此时图框带有"×"，表示这是图框而不是普通图形，如图5-41所示。

图 5-41

（10）此时，可以将另外一张图片向图框上方拖曳，释放鼠标左键后即可将图片添加到图框中，如图5-42所示。

图 5-42

（11）此时的画面效果如图5-43所示。

图 5-43

（12）如果要将图框转换为矢量图形，选中图框后右击执行"框类型>删除框架"命令即可，如图5-44所示。

图 5-44

5.2.8 度量长度或角度

度量工具组中包括5个工具，这些工具可以用于测量尺寸和角度，还可以使用"2边标注"工具进行标注，如图5-45所示。

图 5-45

（1）使用"平行度量"工具 能够度量任何角度的对象。选择工具箱中的"平行度量"工具，然后在要测量的对象上按住鼠标左键拖曳，拖曳的距离就是测量的距离，如图5-46所示。

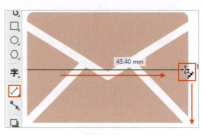

图 5-46

（2）释放鼠标左键后将光标向下移动，此时会创建示例。光标拖曳到合适的位置后单击完成操作，此时会显示测量的对象的尺寸，以及用于指示尺寸的示例，如图5-47所示。

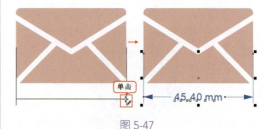

图 5-47

（3）"平行度量"还可以以倾斜角度绘制测量，如图5-48所示。

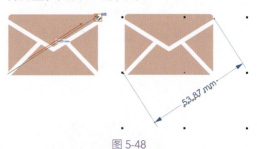

图 5-48

（4）在示例上方按住鼠标左键上下拖曳可以移动示例的位置，如图5-49所示。

图 5-49

（5）使用"选择"工具在文字上方单击将文字选中，然后在属性栏中更改字体、字号和文字颜色，如图5-50所示。

图 5-50

（6）选中示例，单击"平行度量"工具属性栏中的"文本位置"按钮，在下拉列表中可以选择文字相对于度量线的位置。图5-51所示为"尺度线上方的文本"效果。

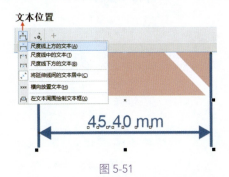

图 5-51

（7）如果要对文中的内容进行更改，需要先在示例上方右击执行"拆分尺度"命令将其拆分，如图5-52所示。

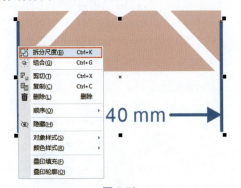

图 5-52

（8）使用"文本"工具在文字上方按住鼠标左键拖曳即可将文字选中，然后更改文字内容，如图5-53所示。

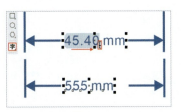

图 5-53

（9）在"平行度量"工具属性栏中可以通过"轮廓宽度"和"线条样式"对示例外观进行更改，如图5-54所示。

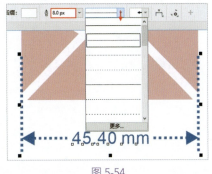

图 5-54

（10）单击属性栏中的"双箭头"按钮，在下拉面板中可以选择箭头的样式，如图5-55所示。

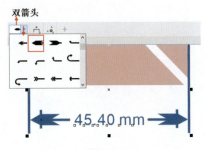

图 5-55

（11）使用"水平或垂直度量"工具 能够进行水平方向或垂直方向的度量。其使用方法与"平行度量"工具的使用方法一样，如图5-56所示。

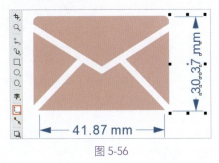

图 5-56

（12）使用"角度尺度"工具 可以度量对象的角度。选择工具箱中的"角度尺度"工具，按住鼠标左键拖曳，然后向另外一个方向拖曳，确定夹角的角度后单击，接着内外拖曳，确定弧线所在位置后单击完成角度的测量操作，如图5-57所示。

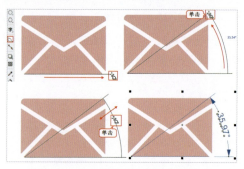

图 5-57

（13）使用"线段度量"工具 可以度量单条线段或多条线段上结束节点间的距离。选择工具箱中的"线段度量"工具，按住鼠标左键拖曳确定测量范围，如图5-58所示。

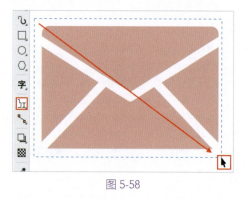

图 5-58

（14）释放鼠标左键后即可确定测量范围，接着拖曳创建示例，最后单击得到度量结果，如图5-59所示。

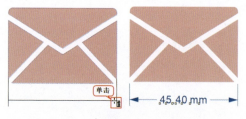

图 5-59

（15）使用"2边标注"工具 可以绘制标注线。选择工具箱中的"2边标注"工具，

然后在绘图区按住鼠标左键拖曳，释放鼠标左键后将光标移动至下一个位置单击，如图5-60所示。

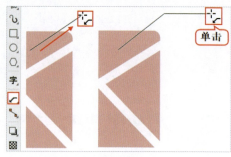

图 5-60

（16）此时会显示闪烁的光标，最后输入文字内容，如图5-61所示。

图 5-61

5.2.9 连接多个对象

使用"连接器"工具能够在两个图形之间绘制一段直线，使两个图形形成连接的关系。

（1）选择工具箱中的"连接器"工具 ，该工具有3种方式，首先单击属性栏中的"直线连接器" 按钮，然后在一个图形的边缘按住鼠标左键将其拖曳到另一个图形的边缘。释放鼠标左键后两个对象之间出现了一条连接线，如图5-62所示。

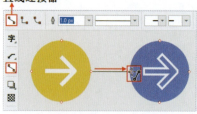

图 5-62

（2）此时两个图形形成连接关系，移动其中一个图形，连接线的位置也会发生改变，如图5-63所示。

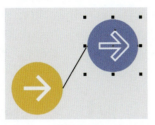

图 5-63

（3）使用"选择"工具在连接线上方单击将连接线选中，然后在属性栏中更改线条样式，如图5-64所示。如果要删除连接线，只需将其选中后按Delete键。

图 5-64

（4）"直角连接器"🖳与"圆直角连接器"🖳的使用方法是相同的，区别在于连接线的形态不同，如图5-65和图5-66所示。

直角连接器

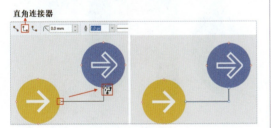

图 5-65

圆角连接器
圆形转角

图 5-66

5.2.10 实操：设计文创机构标志

文件路径：资源包\案例文件\第5章对象的编辑与管理\实操：设计文创机构标志

案例效果如图5-67所示。

图 5-67

1. 项目诉求

本案例需要为一家文化创意类企业设计标志。设计时需充分考虑目标客户群体、品牌形象、易识别性等方面，同时注重创意元素的融合，确保最终呈现出一个具有文化气息、创意特质的独特品牌标志。

2. 设计思路

该标志设计以文字作为主体，通过色彩与字号、字体的选择，制作出可读性较强的文字部分。然后添加彩色色块作为装饰图形，使文字与图形相结合，组合成多彩笔刷的形态，增强标志的趣味性，同时也暗示企业蓬勃的创造力。

3. 配色方案

本案例以黑色作为主色，由于黑色的明度较低，在浅色背景的衬托下更加鲜明、醒目，具有较高的可识别度。以粉色、绿色、黄色等彩色作为辅助色进行装饰，形成丰富、饱满、绚丽的视觉效果，使标志更加引人关注。本案例的配色如图5-68所示。

图 5-68

4. 项目实战

（1）新建一个A4大小的文件，接着双击工具箱中的"矩形"工具按钮□绘制一个与画板等大的矩形，如图5-69所示。

（2）在矩形被选中的状态下，双击界面底部的"编辑填充"按钮🔖，在弹出的窗口中单击"均匀填充"按钮，选中"颜色查看器"选项，选择一种合适的淡蓝色，单击"OK"按钮提交操作，如图5-70所示。

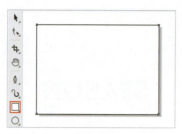

图 5-69

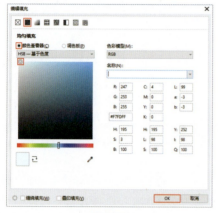

图 5-70

（3）在右侧调色板中右击"无"按钮去除轮廓色，如图5-71所示。

图 5-71

（4）执行"文件>打开"命令打开素材1（1.crd），在打开的文件中选择文字，按Ctrl+C组合键进行复制，接着回到当前操作的文件，按Ctrl+V组合键进行粘贴，并将其摆放在画面的合适位置，如图5-72所示。

图 5-72

（5）选择工具箱中的"矩形"工具，在字母N上绘制一个矩形，接着在调色板中设置"填充色"为绿色、"轮廓色"为无，如图5-73所示。

图 5-73

（6）选中绿色矩形，在按住Ctrl键的同时按住鼠标左键向右侧拖曳，至合适的位置右击将其平移并复制一份，然后在调色板中设置"填充色"为粉色，如图5-74所示。

图 5-74

（7）使用同样的方法制作黄色矩形。选中3个矩形，按Ctrl+G组合键进行组合，如图5-75所示。

图 5-75

CorelDRAW 2022 平面设计案例教程（全彩慕课版）

（8）选择工具箱中的"钢笔"工具，在矩形组上绘制一个多边形，如图5-76所示。

图 5-76

（9）选中矩形组，执行"对象>PowerClip>置于图文框内部"命令，然后在多边形上单击，如图5-77所示。

图 5-77

（10）在调色板中右击"无"按钮去除轮廓色，此时矩形组画面效果如图5-78所示。

图 5-78

（11）再次选中矩形组，右击，在弹出的快捷菜单中执行"顺序>向后一层"命令，如图5-79所示。

图 5-79

（12）多次执行该命令，将矩形组移动到文字后方，效果如图5-80所示。

图 5-80

（13）选择工具箱中的"矩形"工具□，在字母N下方绘制一个矩形，接着在调色板中设置"填充色"为黑色、"轮廓色"为无。然后单击属性栏中的"圆角"按钮，取消"同时编辑所有角"，设置"左下角圆角半径""右下角圆角半径"均为5mm，效果如图5-81所示。

图 5-81

（14）使用同样的方法在圆角矩形下方再次绘制一个矩形，并设置合适的圆角半径，如图5-82所示。

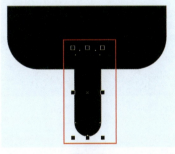

图 5-82

（15）选择工具箱中的"封套"工具，在圆角矩形上拖曳节点调整圆角矩形形状，如图5-83所示。

图 5-83

（16）选择工具箱中的"椭圆形"工具，在画面中按住Ctrl键的同时按住鼠标左键拖曳绘制一个正圆，并在调色板中设置"填充色"为白色，如图5-84所示。

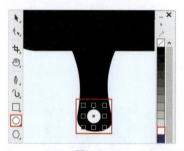

图 5-84

（17）案例完成后的效果如图5-85所示。

图 5-85

5.2.11　实操：设计儿童玩具品牌标志

文件路径：资源包\案例文件\第5章对象的编辑与管理\实操：设计儿童玩具品牌标志

案例效果如图5-86所示。

图 5-86

CorelDRAW 2022　平面设计案例教程（全彩慕课版）

1.　项目诉求

本案例需要为一款儿童玩具品牌设计一个标志。标志要能够直观地体现产品种类，还要具有足够的视觉吸引力与趣味性以获得消费者的喜爱。

2.　设计思路

儿童喜欢可爱的动物、卡通人物或形状，可以将这些元素融入标志设计中，与品牌名称和字体相协调。本案例使用了由大小不同的彩色圆形组成的恐龙图形作为标志的主要元素，没有使用过于复杂的设计元素，让标志易于理解和辨识。文字部分使用了易读且友好的字体，明确展示了品牌名称和产品类别，使得品牌名称在标志中容易辨认。

3.　配色方案

儿童喜欢明亮的颜色，所以标志可使用鲜艳的色彩。本案例采用了红、蓝、黄、绿等基本色，形成了鲜艳、饱满的视觉效果，极具视觉冲击力。蓝色文字给人以活力、健康之感，与品牌的调性较为相符，同时减轻了过多高饱和色彩带来的杂乱、烦躁之感。本案例的配色如图5-87所示。

图 5-87

4.　项目实战

（1）执行"文件>打开"命令，打开素材1（1.crd）。为避免影响后面的操作，选中左侧的恐龙图形，右击"锁定"命令，此时的画面效果如图5-88所示。

图 5-88

（2）选择工具箱中的"椭圆形"工具○，在恐龙图案头部上方按住Ctrl键的同时按住鼠标左键拖曳，绘制一个正圆，如图5-89所示。

图 5-89

（3）选中正圆，选择工具箱中的"交互式填充"工具，单击属性栏中的"均匀填充"按钮，设置"填充色"为红色，并在调色板中右击"无"按钮去除轮廓色，如图5-90所示。

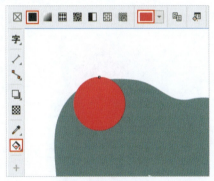

图 5-90

（4）继续使用"椭圆形"工具在恐龙图形头部合适位置绘制其他图形，效果如图5-91所示。

图 5-91

（5）为了使圆形之间产生重叠感，可以

选择部分圆形，单击"透明度"工具，选择合适的"合并模式"，或者设置一定的透明度，如图5-92所示。

图 5-92

（6）继续使用"椭圆形"工具参照恐龙形状绘制其他椭圆图形。选中这些小圆形，按Ctrl+G组合键进行组合，如图5-93所示。

图 5-93

（7）执行"对象>锁定>全部解锁"命令，使恐龙图形解锁。选中椭圆图形组，右击，在弹出的快捷菜单中执行"PowerClip内部"命令，然后在恐龙图形上单击，如图5-94所示。

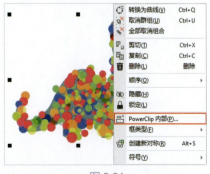

图 5-94

（8）在右侧调色板中单击"无"按钮去除填充色，此时画面效果如图5-95所示。

图 5-95

（9）选择工具箱中的"椭圆形"工具，在恐龙图形尾部按住Ctrl键的同时按住鼠标左键拖曳绘制一个正圆，并设置"填充色"为红色，如图5-96所示。

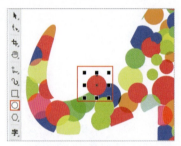

图 5-96

（10）使用同样的方法在恐龙图形边缘绘制其他图形。选中这些小圆形，按Ctrl+G组合键进行组合，此时画面效果如图5-97所示。

图 5-97

（11）继续使用工具箱中的"椭圆形"工具在恐龙图形下方绘制一个椭圆，如图5-98所示。

（12）选择工具箱中的"颜色滴管"工具，在文字上单击拾取颜色，如图5-99所示。

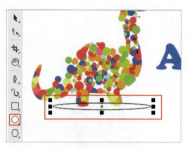

图 5-98

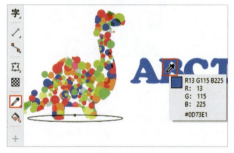

图 5-99

（13）此时光标变为◆.状，接着在椭圆图形上单击进行填充，如图5-100所示。

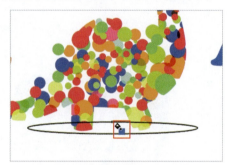

图 5-100

（14）在右侧调色板中右击"无"按钮去除轮廓色，如图5-101所示。

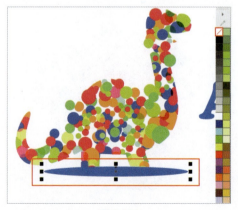

图 5-101

CorelDRAW 2022　平面设计案例教程（全彩慕课版）

（15）选中椭圆图形，执行"对象>顺序>置于此对象后"命令，接着在恐龙图形上单击，如图5-102所示。

图 5-102

（16）案例完成后的效果如图5-103所示。

图 5-103

5.3 位图的编辑操作

5.3.1 位图描摹

CorelDRAW中的描摹功能可以将一张位图图片转化为矢量图形，从而使得图片可以被无损缩放和编辑。具体来说，该功能可以通过将原始图片的像素点转化为矢量线条和曲线来创建一个可编辑的矢量版本。

（1）选中一个位图，单击属性栏中的"描摹位图"按钮，在下拉列表中选择"快速描摹"，如图5-104所示。

图 5-104

（2）该命令没有参数可供设置，稍等片刻即可完成描摹操作，效果如图5-105所示。

图 5-105

（3）移动描摹对象，可以看到位图还在原来的位置，如图5-106所示。

图 5-106

（4）此时矢量图形处于编组状态，需要按Ctrl+U组合键取消群组，然后删除背景图形，只保留画面主体。接着将该图形应用到合适的位置，效果如图5-107所示。

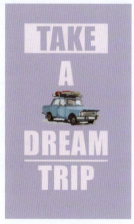

图 5-107

（5）除了"快速描摹"外，还有另外两种描摹方式，分别是"中心线描摹"和"轮廓描摹"。单击"中心线描摹"又可以看到两种描摹方式，如图5-108所示。效果如图5-109所示。

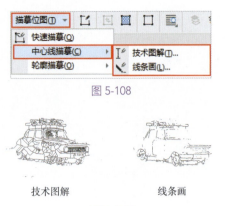

图 5-108

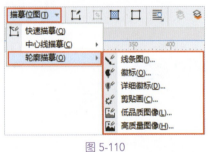

技术图解　　　　　　线条画

图 5-109

（6）"轮廓描摹"下还有6种效果，如图5-110所示。效果如图5-111所示。

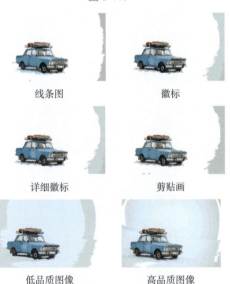

图 5-110

线条图　　　　　　　徽标

详细徽标　　　　　　剪贴画

低品质图像　　　　　高品质图像

图 5-111

5.3.2　将矢量图转换为位图

在CorelDRAW中可以将矢量图转换为位图。

（1）选中一个矢量对象，该对象保留着矢量图的属性，可以更改颜色、描边等参数，如图5-112所示。

图 5-112

（2）执行"对象>转换为位图"命令，在弹出的"转换为位图"窗口中对"分辨率"和"颜色模式"等参数进行设置。设置完成后单击"OK"按钮提交操作，如图5-113所示。

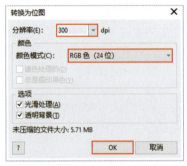

图 5-113

（3）转换为位图后，该对象便失去了矢量图的属性，可以在属性栏中看到用于编辑位图的选项，如图5-114所示。

图 5-114

5.3.3　更改位图的颜色模式

"颜色模式"是一种多色彩图像数据的表示方式，根据不同的用途需要选择不同的颜色模式。使用"模式"命令可以更改位图的颜色模式。

这里以图5-115为例，讲解如何更改颜色模式。

图 5-115

（1）选中位图，执行"位图>模式"命令，可以看到多种颜色模式，如图5-116所示。

图 5-116

（2）以"灰度"模式为例，执行"位图>模式>灰度（8位）"命令，此时位图会丢失彩色变为灰色。"灰度"模式是由255个级别的灰度组成的颜色模式，如图5-117所示。

图 5-117

（3）"双色调"模式是由两种及两种以上颜色混合而成的颜色模式。选中位图，执行"位图>模式>双色调（8位）"命令，在打开的窗口中通过"类型"选项设置色调的数目及颜色。调整曲线形状可以自由地控制添加到图像的色调的颜色和强度。设置完成后单击"OK"按钮提交操作，如图5-118所示。

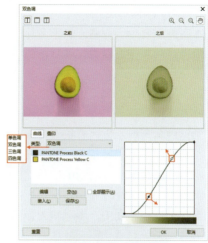

图 5-118

（4）执行"位图>模式>RGB色"命令，即可将图像的颜色模式转换为RGB模式，该命令没有参数设置窗口。制作用于在电子屏幕上显示的图像时，如网页设计、软件UI设计等，常采用该颜色模式。

（5）执行"位图>模式>CMYK色"命令，可将图像和颜色模式转换为CMYK模式，该命令没有参数设置窗口。CMYK模式是一种印刷中常用的颜色模式，制作用于印刷的文件时，如书籍、画册、名片等，常采用该颜色模式。

5.4 扩展练习：企业员工名片

文件路径：资源包\案例文件\第5章对象的编辑与管理\扩展练习：企业员工名片

案例效果如图5-119所示。

图 5-119

1. 项目诉求

本案例需要为企业制作员工名片。名片的平面设计稿制作好以后，通常需要将其以较为直观的效果展现在客户面前。名片的展示方式不限，效果美观即可。

2. 设计思路

常见的名片展示方式有很多种，如可以直接在画面中平放以展示名片的正反面，也可以将名片贴合到真实场景的样机图像中。在本案例中，将名片复制出多份，以整齐排列的形式呈现在画面中，形成较为强烈的视觉冲击力。

3. 配色方案

名片以黑灰色与亮灰色作为主色，明度较高的碧绿色作为点缀色用于装饰图形及标志。总的来说，名片以深浅不同的灰色为主，那么用于展示名片的背景色明度就要与这一深一浅的灰色有所差异。本案例选择了中度的灰色作为背景，能够较好地与名片本身拉开层次。本案例的配色如图5-120所示。

图 5-120

4. 项目实战

（1）执行"文件>新建"命令，创建一个"宽度"为90mm、"高度"为54mm、"方向"为横向的文件。选择工具箱中的"矩形"工具，在画面左侧绘制一个矩形，接着在右侧调色板中设置"填充色"为90%黑，并去除轮廓色，如图5-121所示。

图 5-121

（2）再次选择工具箱中的"矩形"工具，在右侧绘制一个矩形。然后选择"交互式填充"工具，单击属性栏中的"渐变填充"按钮，接着在右侧选择"线性渐变填充"。设置完成后调整节点的颜色，编辑一个白色到灰色的渐变，并去除轮廓色，如图5-122所示。

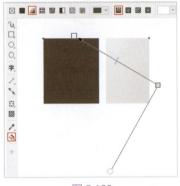

图 5-122

（3）继续使用"矩形"工具▯在画面的合适位置绘制其他矩形，并填充合适的颜色，如图5-123所示。

图 5-123

（4）选择工具箱中的"钢笔"工具▯，在绿色矩形左上角绘制一个三角形，如图5-124所示。

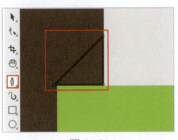

图 5-124

（5）选中三角形，选择工具箱中的"交互式填充"工具，单击属性栏中的"均匀填充"按钮，设置"填充色"为墨绿色，并在右侧调色板中右击"无"按钮去除轮廓色，如图5-125所示。

CorelDRAW 2022 平面设计案例教程（全彩慕课版）

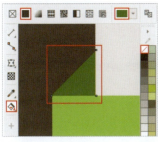

图 5-125

（6）. 选中三角形，按Ctrl+C组合键进行复制，按Ctrl+V组合键进行粘贴，接着单击属性栏中的"水平镜像"和"垂直镜像"按钮，将其适当缩放并移动到绿色矩形右下角，如图5-126所示。

图 5-126

（7）选择工具箱中的"椭圆形"工具，在绿色矩形上按住Ctrl键的同时按住鼠标左键拖曳绘制一个正圆，并在右侧调色板中单击"白"色块，设置"填充色"为白色，右击"无"按钮去除轮廓色，如图5-127所示。

图 5-127

（8）继续使用"椭圆形"工具在白色正圆下方绘制一个白色椭圆，接着单击属性栏中的"饼形"按钮，设置"起始角度"为0.0°、"结束角度"为180.0°，如图5-128所示。

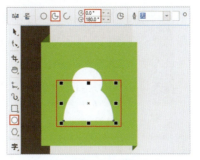

图 5-128

（9）执行"文件>打开"命令打开素材1（1.crd），在打开的文件中选择文字及图形，按Ctrl+C组合键进行复制，接着回到当前操作文件，按Ctrl+V组合键进行粘贴，并将其摆放在画面的合适位置。此时名片正面制作完成，效果如图5-129所示。

图 5-129

（10）选中正面所有图形，按Ctrl+G组合键进行组合。接着右击，在弹出的快捷菜单中执行"转换为曲线"命令，如图5-130所示。

图 5-130

（11）制作名片背面。选择工具箱中的"矩形"工具▢，绘制一个与名片正面等大的矩形，并设置"填充色"为90%黑、"轮廓色"为无，如图5-131所示。

（12）继续使用"矩形"工具绘制其他矩形，如图5-132所示。

图 5-131

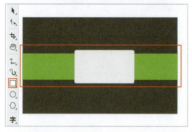

图 5-132

（13）使用"选择"工具选中白色矩形，接着在白色矩形上单击，然后将光标移动到中间位置的控制点上方，按住鼠标左键向左侧拖曳至合适位置释放鼠标左键，使图形倾斜，如图5-133所示。

图 5-133

（14）选择工具箱中的"多边形"工具，在属性栏中设置"边数"为3，然后在白色四边形左上角绘制一个三角形，并设置"填充色"为60%黑、"轮廓色"为无，如图5-134所示。

图 5-134

（15）选中三角形，按Ctrl+C组合键进行复制，按Ctrl+V组合键进行粘贴，接着单

击属性栏中的"垂直镜像"按钮，并将其移动到白色四边形右下角，如图5-135所示。

图 5-135

（16）在打开的素材1中选择文字及标志图形，按Ctrl+C组合键进行复制，接着回到当前操作文件，按Ctrl+V组合键进行粘贴，并将其摆放在画面的合适位置。此时名片背面制作完成，效果如图5-136所示。

图 5-136

（17）选中背面所有图形按Ctrl+G组合键进行组合。接着右击，在弹出的快捷菜单中执行"转换为曲线"命令，如图5-137所示。

图 5-137

（18）选中名片的正面和背面，按住鼠标左键向右侧拖曳，至合适位置后右击，将其移动并复制一份，如图5-138所示。

图 5-138

（19）选中所有正面和背面图形，执行"窗口>泊坞窗>对齐与分布"命令，在弹出的"对齐与分布"泊坞窗中单击"垂直居中

对齐"按钮和"水平分散排列中心"按钮，如图5-139所示。

图 5-139

（20）按Ctrl+G组合键将名片加以组合，此时名片组效果如图5-140所示。

图 5-140

（21）选中名片组，按Ctrl+C组合键进行复制，按Ctrl+V组合键进行粘贴，并将其移动到下方的合适位置，如图5-141所示。

图 5-141

（22）选中所有名片组，在按住Shift键的同时按住鼠标左键向下方拖曳，至合适位置后右击，将其平移并复制一份，如图5-142所示。

图 5-142

（23）选中所有正面和背面图形组，在打开的"对齐与分布"泊坞窗中单击"垂直分散排列间距"按钮，如图5-143所示。

图 5-143

（24）按Ctrl+G组合键将名片组加以组合，此时名片效果如图5-144所示。

图 5-144

（25）选择工具箱中的"矩形"工具□，在画面空白位置绘制一个矩形，并设置"填充色"为深灰色、"轮廓色"为无，如图5-145所示。

图 5-145

（26）使用"选择"工具选中名片组，并将其移动到矩形上方，然后在属性栏中设置"旋转角度"为45°，如图5-146所示。

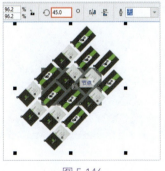
图 5-146

（27）选择工具箱中的"矩形"工具，在画面中绘制一个与深灰色矩形等大的矩形，为了使效果明显，这里将矩形填充为白色，如图5-147所示。

图 5-147

（28）选中名片组，执行"对象>Power Clip>置于图文框内部"命令，然后在矩形上单击，如图5-148所示。

图 5-148

（29）在调色板中单击"无"按钮去除填充色，此时画面效果如图5-149所示。

图 5-149

（30）选择工具箱中的"矩形"工具□，在名片组上方绘制一个矩形，如图5-150所示。

图 5-150

（31）选中矩形，选择工具箱中的"交互式填充"工具，单击属性栏中的"渐变填充"按钮，然后在右侧选择"椭圆形渐变填充"。设置完成后调整节点的颜色，编辑一个灰色系的渐变，并设置浅灰色节点的"透明度"为99、深灰色节点的"透明度"为58，接着去除轮廓色，如图5-151所示。

图 5-151

（32）选择工具箱中的"透明度"工具，单击属性栏中的"均匀透明度"按钮，设置"合并模式"为"减少"、"透明度"为20，如图5-152所示。

图 5-152

CorelDRAW 2022 平面设计案例教程（全彩慕课版）

（33）案例完成后的效果如图5-153所示。

图 5-153

5.5 课后习题

1 选择题

1. 在CorelDRAW中，要将两个对象组合为一个对象，应使用哪个功能？（　　）
   A. 变形
   B. 连接曲线
   C. 组合
   D. 转换为曲线

2. 在CorelDRAW中，要对多个对象进行对齐操作，应使用哪个功能？（　　）
   A. 变换
   B. 对齐和分布
   C. 组合
   D. 路径组合

3. 在CorelDRAW中，要将矢量对象转换为位图对象，应使用哪个功能？（　　）
   A. 转换为位图
   B. 转换为曲线
   C. 描摹位图
   D. 组合

2 填空题

1. 在CorelDRAW中，要将多个对象组合成一个对象，应使用组合功能，快捷键为（　　）。

2. 在CorelDRAW中，要将对象分散到相等间距，应使用对齐和分布中的（　　）功能。

3 判断题

1. 在CorelDRAW中，组合功能只适用于矢量对象。（　　）

2. 对齐和分布功能仅适用于文本对象。（　　）

3. "变换"泊坞窗可以同时调整多个对象的大小、角度和位置。
（　　）

课后实战

● 制作简单的标志

运用本章节所学的知识制作一个简单的标志，要求其至少由3个图形元素构成，同时对其进行变换、排列和锁定等操作。

第6章
文字与表格

本章将围绕文字和表格两项功能进行介绍。"文本"工具可用于在画面中创建不同形式的文字，包括美术字、段落文字、区域文字、路径文字等。与文本工具同在一个工具组中的还有"表格"工具，用户使用"表格"工具绘制表格后，可以在表格内添加图像和文字，还可以对其边框和填充色进行调整，美化表格。此外，对于版式的编排，除了使用文字、图形和图像等内容外，如何有序地进行编排也非常重要。所以，本章还将介绍如何通过辅助工具使版面更加规范化。

本章要点

★ 知识要点

❖ 熟练掌握美术字、段落文字、区域文字、路径文字的创建方式；

❖ 掌握文本泊坞窗中各项参数的使用方法；

❖ 掌握表格创建、编辑与美化的方法；

❖ 掌握辅助工具的使用方法。

6.1 运用文字

工具箱中的"文本"工具可用于创建不同类型的文字，用户在其属性栏中可以进行常见的文字属性的编辑。使用"文本"泊坞窗可以对文字的其他属性进行设置。除此之外，用户在"文本"菜单中还可以对文字进行更丰富的操作，如设置文字分栏、项目符号、首字下沉等。

6.1.1 认识"文本"工具

在学习创建文字之前，首先需了解文字的常见属性。

（1）打开包含文字对象的素材文件。使用"选择"工具在文字上单击，在属性栏中就能够看到文字的一些常见属性设置选项，如图6-1所示。

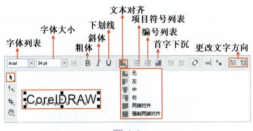

图 6-1

（2）选中文字，单击属性栏中的"字体列表"选项右侧的倒三角按钮，在下拉列表中可以选择合适的字体，如图6-2所示。

图 6-2

（3）"字体大小"选项用于设置文字的大小。选中文字，单击属性栏中的"字体大小"选项右侧的倒三角按钮，在下拉列表中选择预设的字号，或者直接在数值框内输入数值进行字体大小的设置，如图6-3所示。

（4）选中文字，单击属性栏中的"粗体"按钮B可以将文字设置为粗体，如图6-4所示。再次单击该按钮即可去除粗体效果。

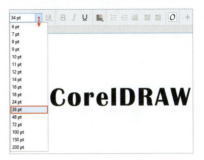

图 6-3

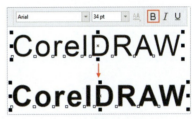

图 6-4

（5）选中文字，单击属性栏中的"斜体"按钮I可以将文字制作成斜体效果，如图6-5所示。再次单击该按钮即可去除斜体效果。

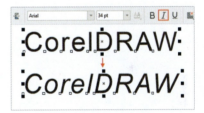

图 6-5

（6）选中文字，单击属性栏中的"下划线"按钮U可以在文字下方添加下划线，如图6-6所示。再次单击该按钮即可去除下划线。

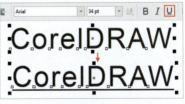

图 6-6

（7）选中大段的文本，单击属性栏中的"文本对齐"按钮，在下拉列表中可以选择对齐方式。图6-7所示为"中"对齐方式的效果。

图 6-7

（8）选中文字，单击属性栏中的"项目符号列表"按钮 ≡ 可以为文字添加项目符号，如图6-8所示。再次单击该按钮即可去除项目符号。

图 6-8

（9）选中文字，单击属性栏中的"编号列表"按钮 ≡ 可以在每行文字前添加编号，如图6-9所示。再次单击该按钮即可去除编号。

图 6-9

> **提示：**
>
> 执行"文本>项目符号和编号"命令，在打开的"项目符号和编号"窗口中可以进行项目符号和编号的添加，如图6-10所示。

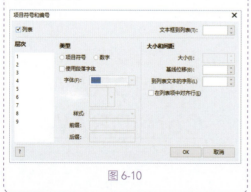

图 6-10

（10）默认情况下，文字为水平方向排列。选中文字，单击属性栏中的"将文本更

改为垂直方向"按钮 ⍿，即可将文字更改为垂直排列，单击"将文本更改为水平方向"按钮 ⍿，文字将会水平排列，如图6-11所示。

图 6-11

6.1.2 创建美术字

"美术字"是一种文字形式，比较适用于少量文字的展示。在输入"美术字"时，文字会一直向后排列，不会因为输入到画面以外而停止或换行，所以要换行就需要按Enter键。

（1）选择工具箱中的"文本"工具 字 或者按F8键选择该工具，接着将光标移动至画面中单击输入文字，如图6-12所示。美术字的特点是文字会一直向后排列。

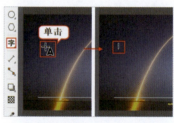

图 6-12

（2）按Enter键进行换行，然后继续输入文字，如图6-13所示。

图 6-13

（3）选中文字，单击界面右侧调色板中的色块即可更改文字颜色，如图6-14所示。

图 6-14

（4）使用"文本"工具在文字上按住鼠标左键拖曳即可将文字选中，如图6-15所示。

图 6-15

（5）除了使用"调色板"更改文字颜色外，使用"编辑填充"窗口也可以更改文字颜色。双击界面底部的◇■按钮，在打开的"编辑填充"窗口中可以进行文字颜色的设置，单击"OK"按钮提交操作，如图6-16所示。

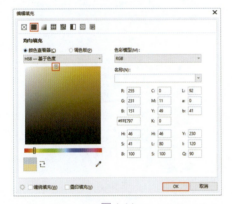

图 6-16

（6）此时选中的文字颜色发生了变化，如图6-17所示。

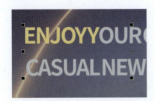

图 6-17

（7）继续更改另外一行文字的部分字符的颜色，效果如图6-18所示。

图 6-18

提示：

　　文本对象具有独特的属性可供设置，但是无法被直接调整形态。如需制作独特形态的艺术字，则可以选中文本对象，右击执行"转换为曲线"命令，此时文本对象不再具有文本属性，无法被设置字体、间距，而是变为了可调整形态的图形。

6.1.3　创建段落文字

　　"段落文本"可用于制作多行文本，常用于长篇文章、海报、广告等设计作品中。"段落文本"具有自动换行、可方便调整文字区域等优势。

　　（1）选择工具箱中的"文本"工具**字**，在画面中按住鼠标左键拖曳，拖曳的范围就是文本框的范围，如图6-19所示。

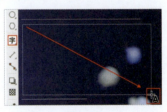

图 6-19

　　（2）释放鼠标左键后即完成文本框的绘制操作。文本框带有控制点，拖曳控制点能够调整文本框的大小，如图6-20所示。

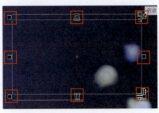

图 6-20

（3）此时文本框有闪烁的光标，可以输入文字，将文本输入到文本框边缘位置时文字会自动换行，如图6-21所示。

图 6-21

（4）继续输入文字，如图6-22所示。

图 6-22

提示：

在输入段落文字时，按Enter键，文字会另起一段。

（5）当文本框内的文字过多时，超出的文本无法显示，这种现象称为"文本溢出"。当出现这种现象时，文本框会变为红色，如图6-23所示。

图 6-23

（6）拖曳文本框的控制点，将文本框放大，即可显示隐藏的字符，如图6-24所示。

图 6-24

提示：

美术字和段落文字可以相互转换。选中美术字，执行"文本>转换为段落文本"命令即可将其转换为段落文本。选中段落文本，执行"文本>转换为美术字"命令即可将其转换为美术字。

按Ctrl+F8组合键可在两种文字形式下相互转换。

6.1.4 链接多段文字

链接文本是将多个文本框首尾相连，使其链接在一起。当第一个文本框无法完整显示文字时，多余的文字会自动"流入"下一个文本框中。

（1）选中文本框，由于文本无法被完整显示，因此呈现红色。单击文本框底部的▽按钮，如图6-25所示。

图 6-25

（2）在空白位置按住鼠标左键拖曳绘制文本框，如图6-26所示。

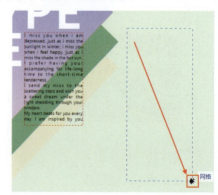

图 6-26

（3）释放鼠标左键后隐藏的字符会自动"流入"新绘制的文本框中，如图6-27所示。

图 6-27

（4）这里也可以使用"文本"工具先绘制一个新的文本框，如图6-28所示。

图 6-28

（5）单击文本框底部的 ▽ 按钮，然后在空的文本框上方单击，如图6-29所示。

图 6-29

（6）这样可将文本框进行链接，此时隐藏的字符会自动"流入"空的文本框中，如图6-30所示。

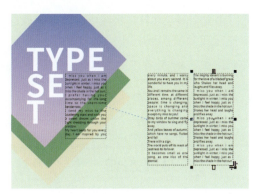

图 6-30

（7）调整文本框的大小，文字的排列也会发生变化。例如将第一个文本框的面积增大，能容纳的文字就会变多，而排在末尾的文本框就会出现空白区域，如图6-31所示。

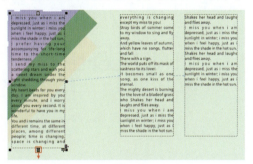

图 6-31

（8）选中第一个文本框，在属性栏中更改字体、字号，可以看到另外两个文本框也发生了变化，如图6-32所示。

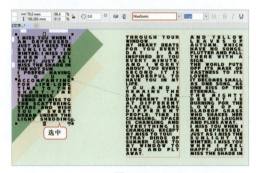

图 6-32

（9）如果要将文本框断开链接，可以加选文本框，执行"文本>段落文本框>断开链接"命令，使其成为两个独立的文本框。

6.1.5 创建区域文字

"区域文字"与"段落文本"相似，同

样可将文字限定在特定区域中，并方便地自动换行和调整区域大小。二者的差别在于"区域文字"可以在不规则的范围内添加文字，而这个范围只需用绘图工具绘制出闭合路径即可。

（1）使用"钢笔"工具绘制一个闭合路径，如图6-33所示。

图 6-33

（2）选择工具箱中的"文本"工具，将光标移动到封闭路径内侧的边缘，光标变为🙂状后单击，如图6-34所示。

图 6-34

（3）此时路径内部会显示一圈虚线，并且会有闪烁的光标，表示图形已经转换为区域文本框了，如图6-35所示。

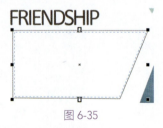

图 6-35

（4）在文本框内输入文字，此时文字会排列在图形内部，如图6-36所示。

图 6-36

（5）选中文本框，使用鼠标右击调色板顶部的"无"按钮去除轮廓色，如图6-37所示。

图 6-37

提示：

选中区域文本，执行"对象>拆分路径内的段落文本"命令或按Ctrl+K组合键，可以将路径内的文本和路径分离开来，移动文字位置即可查看效果，如图6-38所示。

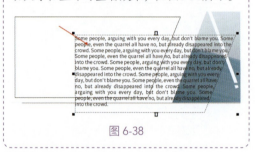

图 6-38

6.1.6 创建沿路径排列的文字

通常情况下，文字会沿着直线呈水平或垂直排列。而"路径文字"会沿着曲线、折线或任意线条排列。"路径文字"是在路径上添加文字的一种形式。使用这种形式，文字会沿着路径进行排列，当改变路径的形状时，文字的排列方式也会随之发生改变。

（1）绘制一段路径，如图6-39所示。

图 6-39

（2）选择工具箱中的"文本"工具，将光标移动至路径上方，光标变为👆状后单击即可插入光标，如图6-40所示。

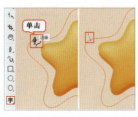

图 6-40

（3）在属性栏中设置字体和字号，然后输入文字，输入过程中可以看到文字会随着路径的走向而排列，如图6-41所示。

图 6-41

（4）使用"形状"工具对路径进行调整，调整后文字的排列也会发生变化，效果如图6-42所示。

图 6-42

（5）选中路径文字，单击属性栏中的"文本方向"按钮，在下拉列表中可以选择文本方向。图6-43所示为不同文本方向的对比效果。

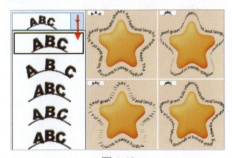

图 6-43

（6）选中路径文字，在属性栏中的"与路径的距离"数值框内输入数值设置文字与路径的距离，效果如图6-44所示。

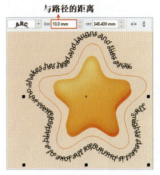

图 6-44

（7）用户也可将已有文字放置在路径上。例如，选中一段文字，执行"文本>使文本适合路径"命令，然后将光标移动至路径上，就可以看到文字变为虚线，并且沿着路径走向排列，如图6-45所示。

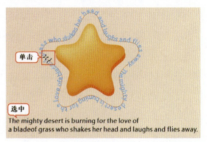

图 6-45

（8）根据预览确定文字位置后，单击即可将选中的文字匹配到路径上方，如图6-46所示。

图 6-46

6.1.7 首字下沉

"首字下沉"是将段落第一行的第一个字放大，段落的其他部分保持原样的一种形式。使用"首字下沉"形式能够让段落文本更加醒目。

（1）选中段落文本，单击属性栏中的"首字下沉"按钮，即可快速为段落文字添加首字下沉效果，如图6-47所示。再次单击该按钮即可去除首字下沉效果。

图 6-47

（2）除此之外，还可通过"首字下沉"窗口对下沉行数和与正文距离进行调节。选中段落文字，执行"文本>首字下沉"命令，在弹出的"首字下沉"窗口中勾选"使用首字下沉"复选框，"下沉行数"选项用于设置文字下沉所占据的行数；"首字下沉后的空格"选项用于设置首字与正文之间的距离。设置完成后勾选"预览"复选框，即可查看首字下沉的预览效果，如图6-48所示。

图 6-48

（3）此时的文字效果如图6-49所示。

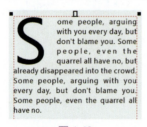

图 6-49

（4）如果勾选"首字下沉使用悬挂式缩进"复选框，可以将首字下沉的样式更改为悬挂式，效果如图6-50所示。

图 6-50

6.1.8 文本换行

"文本换行"是文字环绕对象排列的一种形式，是避免对象遮挡文字的一种常用方法，也是图文混排时一种常用的手法。需要注意的是，文本换行需要针对图形部分进行设置。

（1）选中一个图形，单击属性栏中的"文本换行"按钮，在下拉列表中可以看到多种换行方式。单击换行方式左侧的图标即可应用该样式，如图6-51所示。

图 6-51

（2）"文本换行偏移"选项用于设置图形对象与文本之间的距离，输入数值后即可查看效果，如图6-52所示。

图 6-52

（3）如果要去除文本换行，选中图形后单击属性栏中的"文本换行"按钮，然后在下拉列表中单击"无"按钮即可去除文本换行，此时文本与对象之间还原到互相遮挡的状态，如图6-53所示。

图 6-53

6.1.9 将段落文本分栏

"分栏"是将一个文本框中的文字分为若干栏。将大段文字分栏能够减轻读者的阅读压力。

（1）选中段落文本，如图6-54所示。

图 6-54

（2）执行"文本>栏"命令，在弹出的"栏设置"窗口中的"栏数"数值框内输入数值，设置完成后单击"OK"按钮，如图6-55所示。

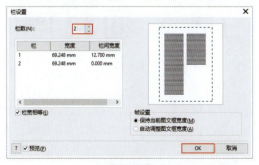

图 6-55

（3）分栏效果如图6-56所示。

图 6-56

6.1.10 在文本泊坞窗中设置文本属性

在"文本"泊坞窗中可以对文本和段落进行更详细、全面的设置。

（1）执行"文本>文本"命令或者按Ctrl+T组合键调出"文本"泊坞窗，单击泊坞窗左上角的字符 A 按钮可以切换到字符选项卡。选中文字，"字体列表"和"字体大小"用于设置字体与字号，如图6-57所示。

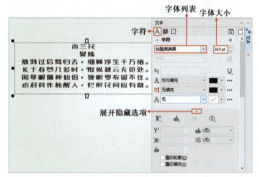

图 6-57

提示：

单击"文本"工具属性栏中的 Aₒ 按钮也可以打开"文本"泊坞窗。

（2）选中需要调整字符间距的文字，然后在"字距调整范围" 数值框内输入数值，按Enter键提交操作，此时可以看到字距调整后的效果，如图6-58所示。

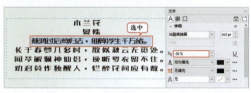

图 6-58

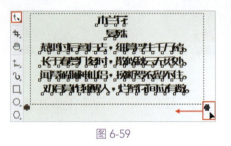

图 6-59

（3）选中文本，单击"文本"泊坞窗中的"下划线"按钮 U，在下拉列表中可以选择下划线的样式。图6-60所示为"单粗"效果。不需要下划线时，选"无"即可。

图 6-60

（4）"填充类型" A 选项用于设置文字的填充类型。选中文本，单击"填充类型"按钮，在下拉列表中可以选择填充的方式。图6-61所示为渐变效果的文字。

图 6-61

（5）"背景填充类型" ⊞ 选项用于设置文字背景色的填充类型。选中文本，单击"背景填充类型"按钮，在下拉列表中可以选择背景的填充方式，如图6-62所示。

（6）"轮廓宽度" A 选项用于为文字添加轮廓，在数值框内输入数值可以设置轮廓宽度。单击右侧的"轮廓色"按钮可以更改轮廓的颜色，如图6-63所示。

图 6-62

图 6-63

（7）选中文字，单击"位置"按钮 X²，在下拉列表中可以更改字符的相对位置，如图6-64所示，效果如图6-65所示。

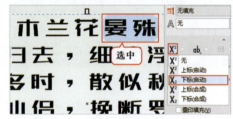

图 6-64

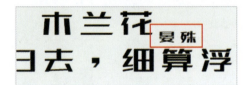

图 6-65

（8）英文可以统一更改文字的大小写。单击"大写字母" ab 按钮，在下拉列表中可以选择更改字母大小写的方式，如图6-66所示。

图 6-66

（9）选中文字，在"字符垂直偏移" $Y^{\dagger}$ 数值框内输入数值，设置字符垂直方向移动的距离，在"字符水平偏移" X 数值框内输入数值，设置字符水平方向移动的距离，最后按Enter键提交操作，如图6-67所示。

图 6-67

（10）"字符角度" $\mathbf{db}$ 可以设置字符的旋转角度。首先选中字符，在输入框内输入数值后按Enter键提交操作，如图6-68所示。

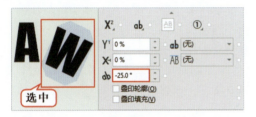

图 6-68

（11）单击泊坞窗左上角的段落 ▤ 按钮可以切换到段落选项卡。在该选项卡的顶部可以设置文本的对齐方式，单击"对齐"按钮即可应用相应的效果，如图6-70所示。单击"无水平对齐"按钮即可去除对齐，使其恢复到默认效果。

图 6-70

（12）"行间距" ▤ 用于设置美术字或段落文字每一行之间的距离，如图6-71所示。

图 6-71

（13）"左行缩进"选项 ▤ 用于将选中的文本左侧向右缩进，如图6-72所示。

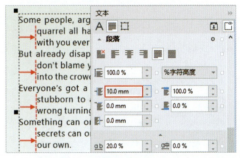

图 6-72

（14）"首行缩进"选项用于快速将段落的第一行缩进，如图6-73所示。

图 6-73

（15）"右行缩进" ▤ 选项用于设置段落文本相对于文本框右侧的缩进距离，如图6-74所示。

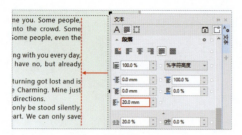

图 6-74

（16）"段前间距" ▤ 选项用于在指定段落上方插入空行。首先在需要添加段前间距的段落中插入光标，接着在"段前间距"数值框内输入数值，最后按Enter键提交操作，如图6-75所示。

图 6-75

（17）"段后间距" ▤ 选项用于在指定段落下方插入空行，如图6-76所示。

图 6-76

（18）"字符间距" ɑb 用于调整字符的间距，增大数值，字符之间的间距会拉大，如图6-77所示。

图 6-77

6.1.11　实操：制作方形专题封面

文件路径：资源包\案例文件\第6章文字与表格\实操：制作方形专题封面

案例效果如图6-78所示。

图 6-78

1．项目诉求

本案例需要为美食专栏设计封面图，要求画面简洁大方，信息明确且具有吸引力。

2．设计思路

为了更加直观地展现主题，本案例使用了能够代表主题的摄影图片作为画面背景。由于版面内容较少，为了美化版面，因此本案例从文字方面入手。通过"封套"工具、"移除前面对象"等操作制作出变形文字及镂空文字，增强版面的设计感。

3．配色方案

通常小面积展示的图像可以选择简单的颜色搭配，单色、双色都是不错的选择。该封面以绿色作为主色调，深浅不同的绿色能够展现自然、健康之感。文字使用了白色展示，与绿色背景的搭配更显清新。本案例的配色如图6-79所示。

图 6-79

4．项目实战

（1）新建一个"宽度"和"高度"均为150mm的空白文件，执行"文件>导入"命令，导入素材1（1.jpg），如图6-80所示。

图 6-80

（2）选择工具箱中的"裁剪"工具，在图像上方按住鼠标左键拖曳绘制一个与画板等大的裁剪框，接着单击左上角的"裁剪"按钮，如图6-81所示。

图 6-81

（3）此时的画面效果如图6-82所示。

图 6-82

（4）使用"矩形"工具绘制一个与画板等大的矩形，接着选择工具箱中的"交互式填充"工具 ，单击属性栏中的"均匀填充"按钮，设置"填充色"为绿色、"轮廓色"为无，如图6-83所示。

图 6-83

（5）在绿色图形被选中的状态下，选择工具箱中的"透明度"工具，单击属性栏中的"均匀透明度"按钮，设置"透明度"为70，如图6-84所示。

图 6-84

（6）选择工具箱中的"文本"工具，在绿色图形上单击并输入文字。接着在文字被选中的状态下，在属性栏中设置合适的字体、字号，在调色板中设置"填充色"为白色，如图6-85所示。

图 6-85

（7）选择工具箱中的"封套"工具 ，然后在文字上拖曳节点以调整文字的形状，如图6-86所示。

图 6-86

（8）继续使用"文本"工具在该文字下方输入合适的文字，如图6-87所示。

图 6-87

（9）选择工具箱中的"矩形"工具□，在文字下方绘制一个矩形。然后单击属性栏中的"圆角"按钮，设置"圆角半径"为30.0mm。接着在调色板中设置"填充色"为白色、"轮廓色"为无，如图6-88所示。

图 6-88

（10）选择工具箱中的"文本"工具，在圆角矩形中单击输入文字。接着在文字被选中的状态下，在属性栏中设置合适的字体、字号，如图6-89所示。

图 6-89

（11）选中圆角矩形和文字，单击属性栏中的"移除前面对象"按钮□，如图6-90所示。

图 6-90

（12）此时的画面效果如图6-91所示。

图 6-91

（13）选择工具箱中的"文本"工具，在圆角矩形下方输入文字。接着在文字被选中的状态下，在属性栏中设置合适的字体、字号，并在调色板中设置"填充色"为白色，如图6-92所示。

图 6-92

（14）使用"选择"工具选中文字，接着在文字上单击，然后将光标移动到中间位置的控制点上方，按住鼠标左键向右侧拖曳，将文字沿水平方向倾斜，如图6-93所示。

图 6-93

（15）案例完成后的效果如图6-94所示。

图 6-94

6.2 运用表格

表格是一种简洁、直观的信息传达方式，既能够明确地展示数据或文字，也可以避免大量文字描述带来的枯燥感。在CorelDRAW中，使用"表格"工具可以创建表格，还可以在"表格"菜单中对表格进行编辑。

6.2.1 创建表格

使用"表格"工具和执行"表格>创建新表格"命令都可以创建表格。

（1）选择工具箱中的"表格"工具 ▦，在属性栏中需要先设置表格的参数。"行数和列数"选项用于设置单元格的数量，在 ▦ 数值框内输入数值，定义行数；在 ▦ 数值框内输入数值，定义列数。接着在画面中按住鼠标左键拖曳，释放鼠标左键后即完成表格的绘制，如图6-95和图6-96所示。

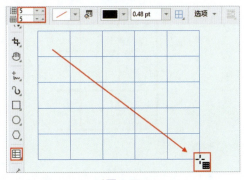

图 6-95

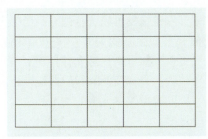

图 6-96

（2）如果需要创建精确尺寸的表格，可以执行"表格>创建新表格"命令，打开"创建新表格"窗口。"行数"与"栏数"选项用于设置表格的行数与列数，"高度"和"宽度"选项用于设置表格的高度和宽度，设置完成后单击"OK"按钮提交操作，如图6-97所示。

图 6-97

（3）此时的表格效果如图6-98所示。

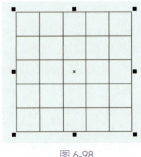

图 6-98

（4）选中表格，在属性栏中通过"对象大小"选项调整表格的大小，通过"行数和列数"选项对表格的行数和列数进行更改，如图6-99所示。

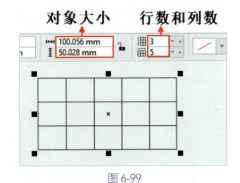

图 6-99

6.2.2 编辑表格

表格绘制完成后，可以向单元格内添加文字或图形图像。另外，还可以更改表格的外观，例如对单元格的大小、数量进行调整。

（1）选中表格，单击属性栏中的"填充色"按钮，在下拉面板中可以进行表格颜色的设置，如图6-100所示。

127

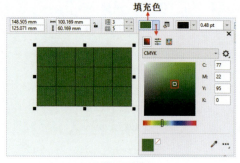

图 6-100

（2）更改表格的轮廓也是非常常见的操作。在对表格的轮廓颜色、宽度属性进行更改之前，需要先确定更改的位置。单击"边框选择"按钮，在下拉列表中可以根据名称选择要更改的边框位置。例如，选择"全部"选项，那么更改的范围就是表格所有的边框，接着通过"轮廓色"和"轮廓宽度"选项可以进行更改，如图6-101所示。

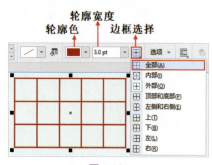

图 6-101

（3）要选中单元格，就需要使用到"形状"工具 ▸。选择工具箱中的"形状"工具，在单元格上方单击即可将其选中，如图6-102所示。

图 6-102

（4）按住Ctrl键在另外一个单元格上方单击即可对单元格进行加选，如图6-103所示。

（5）使用"形状"工具，将光标移动至表格左侧位置，光标变为▸状后单击即可选

中整行单元格，如图6-104所示。

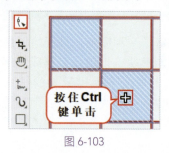

图 6-103

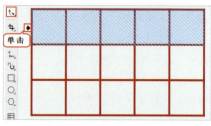

图 6-104

（6）同理，将光标移动到表格顶部，光标变为▾状后单击即可选中整列单元格，如图6-105所示。

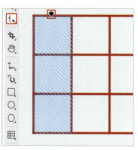

图 6-105

（7）调整行高列宽。使用"形状"工具移动到纵向分割线位置，光标变为↔状后按住鼠标左键拖曳可以调整列宽；光标定位在横向分割线上，变为↕状后按住鼠标左键拖曳可以调整行高；将光标移动至单元格右下角位置，光标变为↘状后按住鼠标左键拖曳可以同时更改单元格的高度和宽度，如图6-106所示。

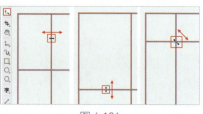

图 6-106

（8）如需在表格中插入行或列时，首先需要使用"形状"工具选中单元格，如图6-107所示。

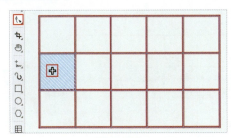

图 6-107

（9）执行"表格>插入"命令，子菜单中有"行上方""行下方""列左侧"和"列右侧"4个命令，可以在所选单元格的上、下、左、右插入一行或一列单元格，如图6-108所示。

图 6-108

（10）例如，执行"行上方"命令，即可在所选单元格上方添加一行单元格，如图6-109所示。

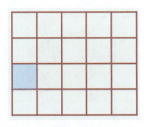

图 6-109

（11）如果要添加多行或多列，可以执行"表格>插入>插入行"或"表格>插入>插入列"命令来完成。例如，执行"表格>插入>插入行"命令，在弹出的"插入行"窗口中设置"行数"和"位置"，单击"OK"按钮提交操作，如图6-110所示。

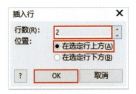

图 6-110

（12）此时的表格效果如图6-111所示。

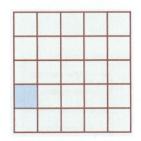

图 6-111

（13）如需合并多个单元格，需要使用"形状"工具选中连续的多个单元格，接着单击属性栏中的"合并单元格"按钮，如图6-112所示。

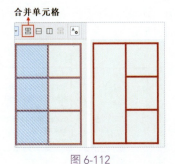

图 6-112

（14）选中一个单元格，通过属性栏中的"水平拆分单元格"和"垂直拆分单元格"可以将一个单元格拆分为多个，如图6-113所示。

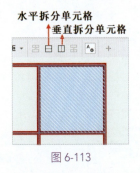

图 6-113

（15）例如，单击"水平拆分单元格"按钮，在弹出的"拆分单元格"窗口中设置合适的"行数",然后单击"OK"按钮提交操作,如图6-114所示。

图 6-114

（16）此时的单元格效果如图6-115所示。

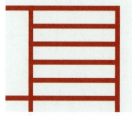

图 6-115

（17）单元格的格式编辑完成后,可以向单元格中添加文字。选择工具箱中的"文本"工具,在单元格上方单击,此时单元格内会显示闪烁的光标,接着输入文字即可,如图6-116所示。

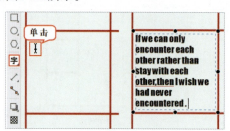

图 6-116

提示:
　　如需更改文字在单元格中的位置,首先要将文字全选,执行"文本>文本"命令调出"文本"泊坞窗,然后单击泊坞窗顶部的"图文框"按钮□,接着单击"垂直对齐"按钮□,在下拉列表中可以选择对齐方式,如图6-117所示。

图 6-117

（18）向单元格内添加图形或图像。选中图片,按住鼠标右键向单元格内拖曳,当出现高亮显示后释放鼠标左键,如图6-118所示。

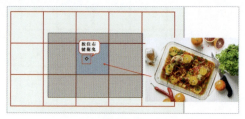

图 6-118

（19）此时会弹出菜单,执行"置于单元格内部"命令,如图6-119所示。

图 6-119

（20）图片被添加到单元格中,按住鼠标左键拖曳可以更改图片的大小和位置,如图6-120所示。

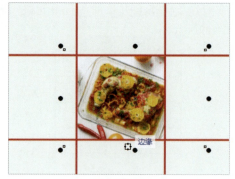

图 6-120

提示:
　　在图像上方单击即可将图片选中,按Delete键即可删除图像。

（21）选中表格,执行"对象>拆分表格"命令或者按Ctrl+K组合键将其拆分,按

Ctrl+U组合键取消编组，拆分后的表格由多个线条组成，移动边框位置即可查看拆分效果，如图6-121所示。

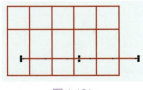

图 6-121

6.2.3 实操：制作尺码对照表

文件路径：资源包\案例文件\第6章文字与表格\实操：制作尺码对照表

案例效果如图6-122所示。

图 6-122

1. 项目诉求

本案例需要制作一个尺码对照表，要求以表格的形式清晰地呈现出相关的数据。

2. 设计思路

本案例首先需要使用"表格"工具绘制出表格，然后通过调整单元格的高度和宽度，提高尺码信息对照的识别性。为了能够更好地突出尺码差别，可以用色彩对不同尺码进行区分。

3. 配色方案

本案例的表格以白色打底，文字和边框均为黑色。为了更好地对不同尺码进行区分，本案例选取了同一色相不同明度的几种红色作为尺码的底色。通过色彩明度的层次变化，使观者直观地感受到尺码的递增。本案例的配色如图6-123所示。

图 6-123

4. 项目实战

（1）新建一个A4大小的横向文件，在工具箱中双击"矩形"工具按钮，绘制一个与画板等大的矩形，填充为白色，并去除轮廓色，如图6-124所示。

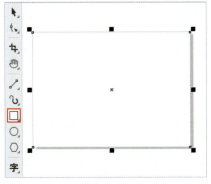

图 6-124

（2）选择工具箱中的"表格"工具，在属性栏中设置"行数"为8、"列数"为7，接着在画面中按住鼠标左键拖曳绘制表格，如图6-125所示。

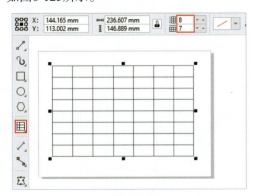

图 6-125

（3）将光标放在纵向分割线上，按住鼠标左键向右拖曳调整第一列的列宽，如图6-126所示。

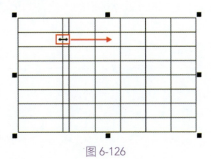

图 6-126

131

（4）使用"形状"工具选中除第一列以外的单元格，右击，在弹出的快捷菜单中执行"分布>列均分"命令，如图6-127所示。

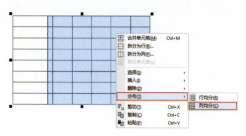

图 6-127

（5）此时的表格效果如图6-128所示。

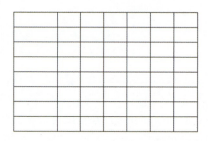

图 6-128

（6）使用同样的方法调整行高，如图6-129所示。

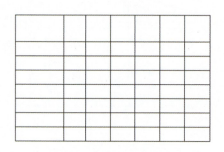

图 6-129

（7）使用"形状"工具加选右上角的两个单元格，单击属性栏中的"合并单元格"按钮将单元格合并，如图6-130所示。

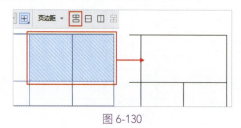

图 6-130

（8）使用同样的方法合并其他单元格，如图6-131所示。

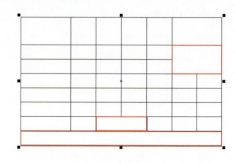

图 6-131

（9）使用"形状"工具在需要填色的单元格上方单击进行选择，如图6-132所示。

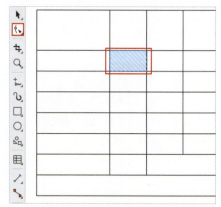

图 6-132

（10）双击界面底部的"编辑填充"按钮 ，在弹出的窗口中单击"均匀填充"按钮，选中"颜色查看器"选项，选择一种粉色，单击"OK"按钮，如图6-133所示。

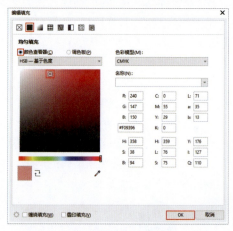

图 6-133

（11）此时的表格效果如图6-134所示。

CorelDRAW 2022 平面设计案例教程（全彩慕课版）

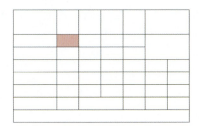

图 6-134

（12）使用同样的方法为其他单元格填充颜色，效果如图6-135所示。

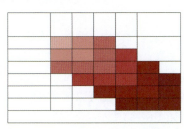

图 6-135

（13）选择工具箱中的"文本"工具，在单元格中单击插入光标，在属性栏中设置合适的字体、字号，接着输入文字，如图6-136所示。

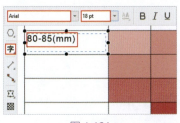

图 6-136

（14）使用同样的方法在其他单元格中输入合适的文字，如图6-137所示。

	216-220 (mm	221-225 (mm)	226-230 (mm)	231-235 (mm)	236-240 (mm) 241-245 (mm)
80-85(mm)	34	35	36		
85(mm)	35	35	36	37	
85-90(mm)	36	36	36	37	38
90(mm)		37	37	37	38 39
90-95(mm)			38	38	38 39
95-100(mm)				39	39 39
Note: The actual situation varies depending on the individual foot type. The control table is for reference only.					

图 6-137

（15）使用"选择"工具选中表格，执行"窗口>泊坞窗>文本"命令，在打开的"文本泊坞窗"中单击"段落"按钮▤，接着单击"中"按钮▤，如图6-138所示。

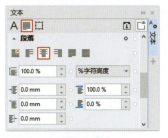

图 6-138

（16）此时的画面效果如图6-139所示。

	216-220 (mm)	221-225 (mm)	226-230 (mm)	231-235 (mm)	236-240 (mm) 241-245 (mm)
80-85(mm)	34	35	36		
85(mm)	35	35	36	37	
85-90(mm)	36	36	36	37	38
90(mm)		37	37	37	38 39
90-95(mm)			38	38	38 39
95-100(mm)				39	39 39
Note: The actual situation varies depending on the individual foot type. The control table is for reference only.					

图 6-139

（17）在"文本泊坞窗"中单击"图文框"按钮，然后单击"垂直对齐"按钮，在下拉列表中选择"居中垂直对齐"选项，如图6-140所示。

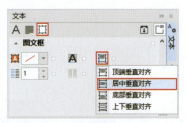

图 6-140

（18）此时文字被居中摆放，效果如图6-141所示。

	216-220 (mm	221-225 (mm)	226-230 (mm)	231-235 (mm)	236-240 (mm) 241-245 (mm)
80-85(mm)	34	35	36		
85(mm)	35	35	36	37	
85-90(mm)	36	36	36	37	38
90(mm)		37	37	37	38 39
90-95(mm)			38	38	38 39
95-100(mm)				39	39 39
Note: The actual situation varies depending on the individual foot type. The control table is for reference only.					

图 6-141

（19）选择工具箱中的"2点线"工具，在左上角单元格中绘制一条斜线，如图6-142所示。

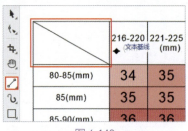

图 6-142

（20）选择工具箱中的"文本"工具，在单元格中单击插入光标，并输入合适的文字，接着在属性栏中设置合适的字体、字号，如图6-143所示。

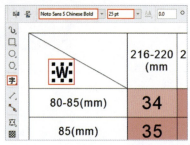

图 6-143

（21）继续使用"文本"工具制作其他文字。案例完成后的效果如图6-144所示。

W \ L	216-220 (mm)	221-225 (mm)	226-230 (mm)	231-235 (mm)	236-240 (mm) 241-245 (mm)
80-85(mm)	34	35	36		
85(mm)	35	35	36	37	
85-90(mm)	36	36	36	37	38
90(mm)		37	37	37	38	39
90-95(mm)			38	38	38	39
95-100(mm)				39	39	39

Note: The actual situation varies depending on the individual foot type.
The control table is for reference only.

图 6-144

6.3 运用辅助工具

在排版过程中，整齐排布各项元素是非常重要的。为了满足排版要求，经常会使用到CorelDRAW中的辅助工具。比如，版面中的元素需要对齐，或需要在特定的区域内放置元素时，标尺、辅助线、网格等辅助工具就能够派上用场。这些工具可以帮助用户选择、定位或编辑图像。

辅助线、网格等辅助工具都是虚拟对象，不会影响画面效果，也不能进行打印输出，但是能够在存储文件时被保留下来。

6.3.1 使用标尺与辅助线

标尺与辅助线是一对需要协同使用的功能，它们能够帮助用户更为精准地进行对齐操作。

标尺位于窗口的边缘，通过标尺创建的辅助线可以进行移动、删除或隐藏。

（1）默认情况下，在窗口顶部和左侧可以看到水平标尺和垂直标尺。标尺上方有精准的刻度，利用刻度可以度量横向和纵向的尺寸，如图6-145所示。

图 6-145

（2）执行"查看>标尺"命令，或者单击标准工具栏中的"显示标尺"按钮 可以切换标尺的显示或隐藏。

（3）改变标尺原点位置。在水平标尺和垂直标尺相交的位置，是标尺的"原点"。将光标移动至"原点"上方，按住鼠标左键向画面中拖曳，释放鼠标左键后即可更改"原点"的位置，如图6-146所示。

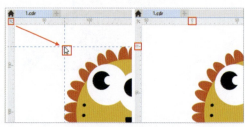

图 6-146

（4）双击"原点" 即可进行复位，如图6-147所示。

图 6-147

（5）创建辅助线。将光标移动至水平标尺上方，按住鼠标左键向下拖曳，释放鼠标左键后即可创建一条水平方向的辅助线，如图6-148所示。

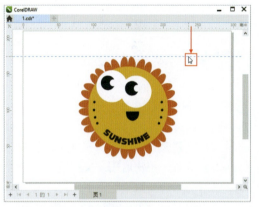

图 6-148

（6）同理，将光标移动至垂直标尺上方，按住鼠标左键向右拖曳，释放鼠标左键后即可创建一条垂直方向的辅助线，如图6-149所示。

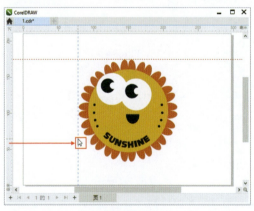

图 6-149

（7）移动辅助线。选择工具箱中的"选择"工具 ▶，将光标移动至辅助线上方，光标变为 ↔ 状后按住鼠标左键拖曳即可移动标尺的位置，如图6-150所示。

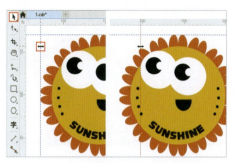

图 6-150

（8）旋转辅助线。使用"选择"工具在辅助线上方双击，然后将光标移动到 ↶ 控制点处，光标变为 ↻ 状后按住鼠标左键拖曳即可旋转辅助线，如图6-151所示。

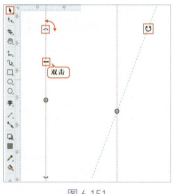

图 6-151

（9）锁定辅助线。选中辅助线，然后右击，在弹出的快捷菜单中执行"锁定"命令，或者单击属性栏中的"锁定辅助线"按钮 🔒 即可将辅助线锁定，如图6-152所示。锁定辅助线后，它将无法被选中或删除。

图 6-152

（10）解锁辅助线。在锁定的辅助线上方右击执行"解锁"命令，或者单击属性栏中的"锁定辅助线"按钮 🔒 即可将辅助线解锁，如图6-153所示。

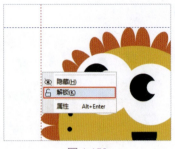

图 6-153

（11）显示与隐藏辅助线。如果要将辅助线隐藏，可以执行"查看>辅助线"命令，还可单击标准工具栏中的"显示辅助线"按钮⊞或右击执行"隐藏"命令，如图6-154所示。

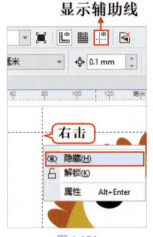

图 6-154

（12）再次执行"查看>辅助线"命令，或者单击标准工具栏中的"显示辅助线"按钮⊞可以显示辅助线。

（13）删除辅助线。使用"选择"工具选中辅助线，当辅助线变为红色时，按Delete键即可删除辅助线。

> **提示：**
>
> 　　使用动态辅助线。动态辅助线是一种"临时"辅助线，可以帮助用户准确地移动、对齐和绘制对象。执行"查看>动态辅助线"命令可以开启动态辅助线，此时移动对象位置即可看到动态辅助线，再次执行该命令即可关闭该功能，如图6-155所示。

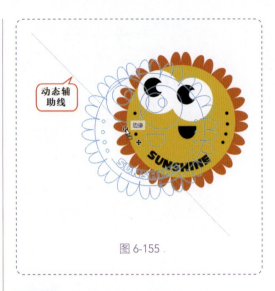

图 6-155

使用网格规范版面

　　"文档网格"也是一种辅助工具。调出网格后，绘图窗口中会显示单元格等大的网格，用户通过这些网格可以制作出尺度精准的对象和排列整齐的版面。在制作标志或进行网格排版时，用户启用"文档网格"功能可以更精准地控制对象的位置。

　　（1）执行"查看>网格>文档网格"命令，或者单击标准工具栏中的"显示网格"▦，绘图窗口中就会显示文档网格，如图6-156所示。

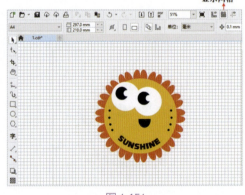

图 6-156

　　（2）再次执行"查看>网格>文档网格"命令，或者单击标准工具栏中的"显示网格"▦，随即就会隐藏文档网格。

　　（3）"自动贴齐对象"功能能够在绘制、移动对象时，自动与另一个对象贴齐，或者将一个对象与目标对象中的多个贴齐点贴齐。执行"查看>贴齐"命令，在弹出的子菜单中选择需要贴齐的对象，或者单击标准工具栏中的"贴齐"按钮，在下拉列表中勾选贴齐的对象，如图6-157所示。

图 6-157

文件路径：资源包\案例文件\第6章
文字与表格\扩展练习：建筑书籍内页
排版

案例效果如图6-158所示。

图 6-158

1. 项目诉求

本案例需要进行建筑书籍内页的排版，要求根据图像和文章内容选择合适的排版方式，通过图文的合理搭配提高内容吸引力和阅读体验。

2. 设计思路

图像与文字相比，先天就具有更强的视觉吸引力。文章以建筑作为主要内容，可以选取高质量的建筑图片，以丰富视觉效果和提升读者的兴趣。

本案例的制作重点在于左页的文字部分。为了使大段的正文连续排列规整，需要

使用到段落文本，并配合"文本"泊坞窗调整文字的格式。

3. 配色方案

根据本案例给定的图像及文字信息可知，版面内容具有较强的专业性与严肃感。图像中使用了黑色、砖红色与灰蓝色进行搭配，通过低明度的色彩搭配方案体现出深沉、严肃的特征。为了与图像相互呼应，文字与版面背景使用了无彩色进行设计，黑色文字与亮灰色背景的搭配，既保证了文字信息的鲜明、醒目，也保证了页面整体风格的统一。本案例的配色如图6-159所示。

图 6-159

4. 项目实战

（1）创建一个宽度为420mm、高度为297mm的横向空白文件。双击工具箱中的"矩形"工具，绘制一个与画板等大的矩形，然后设置"填充色"为灰色、"轮廓色"为无，如图6-160所示。

图 6-160

（2）执行"文件>导入"命令，导入素材1（1.jpg），并摆放在画面的右侧位置，如图6-161所示。

图 6-161

（3）选择工具箱中的"文本"工具，在左侧版面中单击后输入文字。在输入的文字被选中的状态下，在属性栏中设置合适的字体、字号，如图6-162所示。

图 6-162

（4）使用"文本"工具在文字下方的合适位置制作其他文字，如图6-163所示。

图 6-163

（5）选择工具箱中的"矩形"工具，在文字下方绘制一个细长矩形，并设置"填充色"为黑色、"轮廓色"为无，如图6-164所示。

图 6-164

（6）选择工具箱中的"文本"工具，在左页中按住鼠标左键拖曳绘制文本框，如图6-165所示。

图 6-165

（7）选中绘制的文本框，按住Shift键并按住鼠标左键向右侧拖曳，平移到合适的位置后右击，即可将文本框沿水平方向复制一份，如图6-166所示。

图 6-166

（8）选中第一个文本框，将光标放在文本框底部中间的控制点 □ 上单击，光标变为 ▶ 状，接着将光标移动至第二个文本框上方单击，如图6-167所示。

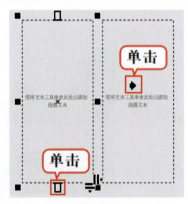

图 6-167

（9）此时出现一条蓝色虚线箭头，将两个文本框串联起来，如图6-168所示。

图 6-168

（10）选择工具箱中的"文本"工具，在第一个文本框内输入文字内容，多余的文字会自动出现在第二个文本框中，如图6-169所示。

图 6-169

（11）使用"文本"工具将文字选中，执行"窗口>泊坞窗>文本"命令，在打开的"文本"泊坞窗中单击"字符"按钮进入字符选项卡中，设置合适的字体、字号，并设置"字距"为-5%，如图6-170所示。

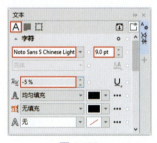

图 6-170

（12）单击"文本"泊坞窗顶部的"段落"按钮，在"段落"选项卡中单击"两端对齐"按钮，设置"行距"为88%、"段前间距"为157%，如图6-171所示。

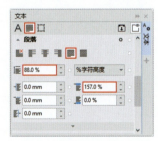

图 6-171

（13）此时，段落文字效果如图6-172所示。

图 6-172

（14）使用"文本"工具选中第一段文字，单击属性栏中的"首字下沉"按钮，即可快速为文本添加首字下沉效果，如图6-173所示。

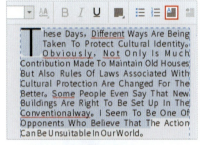

图 6-173

（15）选择工具箱中的"矩形"工具，在画面左侧绘制一个矩形，并设置"填充色"为黑色、"轮廓色"为无，如图6-174所示。

图 6-174

（16）选择工具箱中的"文本"工具，在画面的合适位置单击输入文字。接着在输入文字被选中的状态下，在属性栏中设置合适的字体、字号，如图6-175所示。

图 6-175

（17）在文字被选中的状态下，在属性栏中单击"将文本更改为垂直方向"按钮⫿，将文字由横排调整为竖排，接着将文字移动到黑色矩形上，并设置"填充色"为白色，如图6-176所示。

图 6-176

（18）使用同样的方法制作下方文字，如图6-177所示。

图 6-177

（19）使用同样的方法制作版面右侧图形及文字。案例完成后的效果如图6-178所示。

图 6-178

6.5 课后习题

1 选择题

1. 在CorelDRAW中，要编辑已有文本对象，应使用哪个工具？（　　）
   A."文本"工具
   B."钢笔"工具
   C."挑选"工具
   D."手绘"工具

2. CorelDRAW中，哪种文本类型可以沿路径排列？（　　）
   A. 区域文字
   B. 美术字
   C. 路径文字
   D. 段落文字

3. 在CorelDRAW中要创建表格，应使用哪个工具？（　　）
   A."表格"工具
   B."矩形"工具
   C."挑选"工具
   D."文本"工具

2 填空题

1. 在CorelDRAW中，要将段落文本转换为美术字，应使用文本菜单中的（　　）命令。

2. 在CorelDRAW中，要对表格中的单元格进行编辑，应使用（　　）菜单下的命令。

3 判断题

1. CorelDRAW中的美术字和段落文字都可以沿路径排列。（　　）

2. 使用"表格"工具及"表格"菜单都可以创建表格。（　　）

课后实战

● 杂志排版

运用本章及之前所学的知识，使用CorelDRAW进行杂志内页的排版。内容主题不限，可以是任何你感兴趣的内容，如音乐、体育、科技、旅行等。版面要有明确的主题和目标受众，要包含标题文字及大段文字。

第7章

特效

在 CorelDRAW 中，"效果"菜单提供了大量用于调色及制作特殊效果的命令。其中，"调整"子菜单中的命令可用于调色，其他命令组则主要用于制作特殊效果。"效果"菜单中的命令虽然很多，所产生的效果也令人眼花缭乱，但是大家无须死记硬背，因为这些效果都被分门别类地放在不同的效果组中。例如，要添加底纹，那么执行"效果 > 底纹"命令，在子菜单中找到适合的命令即可；要对画面进行锐化以提高画面清晰度，那么执行"效果 > 鲜明化"命令即可。

本章要点

★ 知识要点

❖ 掌握运用"效果 > 调整"命令调色的方法；
❖ 掌握为对象添加特殊效果的方法；
❖ 熟悉各种特效命令。

7.1 认识"三维"效果

执行"效果>三维效果"命令，子菜单中包括"三维旋转""柱面""浮雕""卷页""挤远/挤近""球面""锯齿型"7种效果，如图7-1所示。选中一个需要处理的对象，如图7-2所示。（该效果组中的效果可以应用于位图，也可以应用于矢量图。）

图 7-1

图 7-2

（1）执行"效果>三维效果>三维旋转"命令，直接在上方拖曳立方体框架的角度，或设置"垂直""水平"参数，可使对象产生在三维空间中旋转的效果，如图7-3所示。

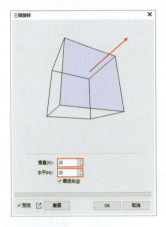

图 7-3

（2）执行"效果>三维效果>柱面"命令，通过"柱面模式"选择变形的方向，通过"百分比"调整变形的强度。该效果可以使对象产生缠绕在柱面内侧或柱面外侧的变形效果，如图7-4所示。

图 7-4

（3）执行"效果>三维效果>浮雕"命令，对深度、层次、方向等参数进行设置，可以使所选对象产生具有深度感的浮雕效果，如图7-5所示。

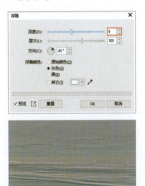

图 7-5

（4）执行"效果>三维效果>卷页"命令，对卷页的位置、方向、卷曲度、背景颜色等属性进行更改，可以把对象的任意一角像纸一样卷起来，使其呈现向内卷曲的效果，如图7-6所示。

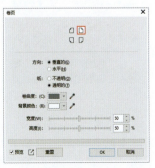

图 7-6

图 7-6（续）

（5）执行"效果>三维效果>挤远/挤近"命令，拖曳"挤远/挤近"滑块调整变形强度，使对象产生或远或近的距离感，如图7-7所示。

图 7-7

（6）执行"效果>三维效果>球面"命令，拖曳"百分比"滑块使对象产生包围在球体内侧或外侧的视觉效果，如图7-8所示。

图 7-8

（7）执行"效果>三维效果>锯齿型"命令，选择不同的类型，调整"波浪"和"浓度"调整波纹效果，使对象产生水面涟漪的效果，如图7-9所示。

图 7-9

7.2 使用"调整"效果

执行"效果>调整"命令，子菜单中包括多种调色命令，用户通过这些命令可以实现对象色彩的变更，如图7-10所示。选中一个需要处理的对象，如图7-11所示。（该效果组中的命令可以应用于位图，也可以应用于矢量图。）

图 7-10

图 7-11

7.2.1 自动调整画面色彩

使用"自动调整"命令能够自动校正偏色、对比度、曝光度等问题。

选中对象，执行"效果>调整>自动调整"命令，该命令没有参数设置窗口，软件会自动分析图像的问题并进行处理，图像会自动产生变化，效果如图7-12所示。

图 7-12

7.2.2 使用图像调整实验室

使用"图像调整实验室"命令可以对图像进行温度、饱和度、亮度、对比度等参数的设置。

（1）选中一个对象，执行"效果>调整>图像调整实验室"命令，在弹出的"图像调整实验室"窗口中进行相应的参数设置，如图7-13所示。例如，增大图像的"亮度"数值可以使图像变亮；增大"突出显示"数值会使图像看起来反差更强烈；减小"阴影"数值会使画面暗部更暗；减小"中间色调"数值会使画面中间调区域变暗。

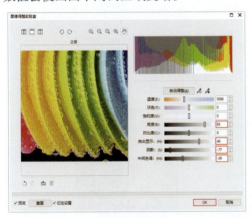

图 7-13

（2）设置完成后单击"OK"按钮提交操作，此时可以看到画面变得更加明亮清晰，效果如图7-14所示。"图像调整实验室"的参数虽然比较多，但用户通过调整参数并观察预览效果即可理解参数的含义。

图 7-14

7.2.3 认识其他的调整效果

"效果>调整"菜单下还有多种可用于调色的功能，如图7-15所示。

图 7-15

色阶：可以增强图像的对比度，还可以精确地对图像中的某一种色调进行调整，常用于压暗或提亮画面中的颜色。图7-16所示为增大了中间调的数值，使画面中间调区域变亮的效果。

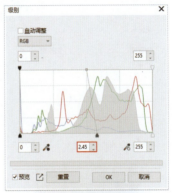

图 7-16

均衡：可以均衡画面中的色彩。图7-17所示为自动对图像进行均衡后的效果。

样本&目标：可以使用从图像中选取的色样来调整位图中的颜色值。图7-18所示为将作为阴影部分的黑色替换为绿色的效果。

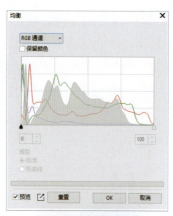

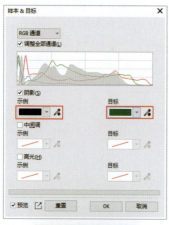

图 7-17

图 7-18

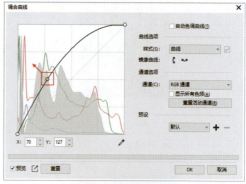

图 7-19

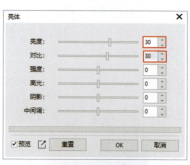

图 7-20

调合曲线： 可以通过曲线调整画面的明度和色彩。图7-19所示为通过调整曲线形态提亮画面。

亮度： 可以调整对象的亮度、对比度以及颜色的强度。图7-20所示为增大了图像的亮度和对比度的效果。

颜色平衡： 可以通过控制图像中补色的数量来矫正偏色的问题，如图7-21所示。

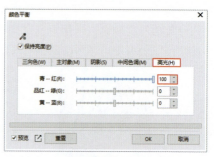

图 7-21

图 7-21（续）

伽玛值：可以调整对象的中间色调，对深色和浅色影响较小，如图7-22所示。

图 7-22

白平衡：可以更改图像的色温和色相，如图7-23所示。

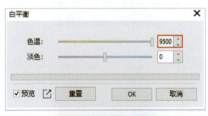

图 7-23

色度/饱和度/亮度：可以更改画面的颜色倾向、色彩的鲜艳程度及亮度。图7-24所示为单独调整了"绿"通道的色度和亮度，使画面中绿色的部分变为了黄色。

黑与白：可以把彩色图像转换为黑白图像，也可以调整每一种色调黑白的含量，还可以将黑白图像转化为带有颜色的单色图

像。图7-25所示为在原有参数的基础上增大了黄色的数值并降低了蓝色的数值，转换为黑白效果后原本黄色的部分变亮、蓝色的部分变暗。

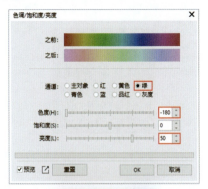

图 7-24

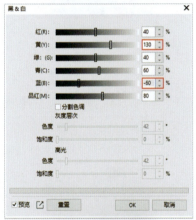

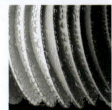

图 7-25

振动：可以增加对象的自然饱和度。图7-26所示为增大了"振动"数值与"饱和度"数值，使画面变得更加鲜艳。

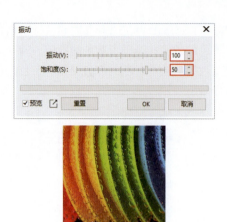

图 7-26

图 7-28

所选颜色：可以在图像中的每个主要原色成分中更改印刷色的数量，也可以在不影响其他主要颜色的情况下有选择地修改任何主要颜色中的印刷色数量。图7-27所示为在"黄"色谱中增加了品红的数量，使原本带有黄色的区域更加倾向于红色。

取消饱和：可以去除画面色彩，制作出灰色调的效果，如图7-29所示。

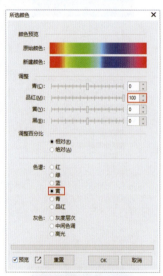

图 7-29

通道混合器：可以通过调整某一个通道中的颜色成分进行调色。图7-30所示为减少了红通道中的红色成分。

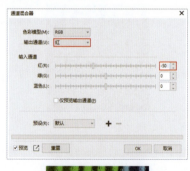

图 7-27

替换颜色：可以修改图像中选定色彩的色相、饱和度和明度，使之替换成其他的颜色。图7-28所示为将原本带有黄色的区域替换为蓝色的效果。

图 7-30

CorelDRAW 2022 平面设计案例教程（全彩慕课版）

7.3 认识"艺术笔触"效果

使用"艺术笔触"效果组中的命令可以为选定对象添加不同绘画技法的效果。执行"效果>艺术笔触"命令，该命令中包括了15种效果，如图7-31所示。选中一个需要添加效果的对象，如图7-32所示。（该效果组中的效果可以应用于位图，也可以应用于矢量图。）

图 7-31

图 7-32

7.3.1 "艺术笔触"效果简介

本组中的效果使用方法比较简单，执行命令后调整参数即可。图7-33所示为应用这几种效果的图像效果。

炭笔画

彩色蜡笔画

蜡笔画

立体派

浸印画

印象派

调色刀

彩色蜡笔画

钢笔画

点彩派

木版画

素描

水彩画

水印画

波纹纸画

图 7-33

文件路径：资源包\案例文件\第7章
效果\实操：制作模块切换界面

案例效果如图7-34所示。

图 7-34

1. 项目诉求

本案例需要制作网页中的模块切换页面，要求页面中的模块清晰、鲜明，使用户能够快速分辨不同板块的信息，以便进入不同页面进行操作。

2. 设计思路

由于页面需要分割为不同的板块，因此可以从网页的背景入手。使用不同的水果照片作为背景，再加以半透明度色块的叠加，使板块间形成色彩的对比，以便用户识别。由于背景明度较低，因此将高明度的白色文字放置在各板块的中心，使文字与图像形成明度对比，增强了网页的视觉表现力，同时使文字信息能够被更有效地传达。

3. 配色方案

该页面中需要使用多个水果素材，为了保持版面的和谐，应选择明度稍低且纯度较为接近的水果图像。水果图像中橙色、黄色、绿色是较为常见的色彩，经过纯色色块的叠加，版面保留橙色与稍低饱和度的绿色即可。在此基础上配合白色文字的使用，平衡了版面的明暗。本案例的配色如图7-35所示。

图 7-35

4. 项目实战

（1）新建一个宽度为950px、高度为530px的文件，执行"文件>导入"命令导

入素材1（1.jpg），并摆放在画面的左侧位置，如图7-36所示。

图 7-36

（2）继续执行"文件>导入"命令，导入素材2（2.jpg）、素材3（3.jpg）和素材4（4.jpg），并分别摆放在画面的合适位置，如图7-37所示。

图 7-37

（3）选中所有素材，执行"位图>转换为位图"命令，在弹出的"转换为位图"窗口中单击"OK"按钮，如图7-38所示。

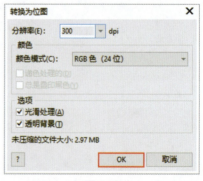

图 7-38

（4）在素材被选中的状态下，执行"效果>艺术笔触>立体派"命令，在弹出的窗口中设置"大小"为8、"亮度"为30，单击"OK"按钮，如图7-39所示。

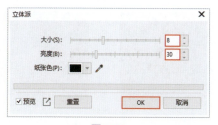

图 7-39

（5）此时，画面效果如图7-40所示。

图 7-40

（6）选择工具箱中的"矩形"工具□，在画面左侧绘制一个与素材等大的矩形，并设置"填充色"为黑色、"轮廓色"为无，如图7-41所示。

图 7-41

（7）选中矩形，选择工具箱中的"透明度"工具，单击属性栏中的"均匀透明度"按钮，设置"透明度"为40，如图7-42所示。

图 7-42

（8）继续使用"矩形"工具绘制其他矩形，并填充合适的颜色，然后使用"透明

度"工具调整矩形透明度，此时画面效果如图7-43所示。

图 7-43

（9）执行"文件>导入"命令导入素材5（5.cdr），案例完成后的效果如图7-44所示。

图 7-44

7.4 认识"模糊"效果

使用"模糊"效果组中的命令可以使选中的对象产生不同类型的模糊、虚化效果。执行"效果>模糊"命令，如图7-45所示。首先选中需要添加效果的对象，如图7-46所示。（该效果组中的效果可以应用于位图，也可以应用于矢量图。）

图 7-45   图 7-46

7.4.1 "模糊"效果简介

添加效果的方法很简单，这里以较为常用的"高斯式模糊"效果为例进行讲解。

（1）选中需要添加效果的对象，执行"效果>模糊>高斯式模糊"命令，在弹出的"高斯式模糊"窗口中，拖曳"半径"滑块调整模糊的强度，设置完成后单击"OK"按钮提交操作，如图7-47所示。

图 7-47

（2）使用"高斯式模糊"命令可以使图像整体产生模糊效果，它是比较常用的模糊效果，如图7-48所示。

图 7-48

（3）其他几种滤镜的效果如图7-49所示，部分效果不明显的命令将展示细节。

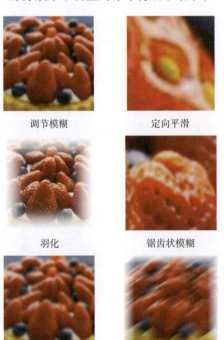

调节模糊　　　　　　　定向平滑

羽化　　　　　　　锯齿状模糊

低通滤波器　　　　　　动态模糊

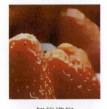

放射式模糊　　　　　　智能模糊

平滑　　　　　　　　　柔和

缩放

图 7-49

7.4.2 **实操：制作模糊的背景**

文件路径：资源包\案例文件\第7章\效果\实操：制作模糊的背景

案例效果如图7-50所示。

图 7-50

1. 项目诉求

本案例需要为旅游网站设计首屏内容，要求突出展现风景照片，形成足够的吸引力以吸引用户继续浏览。

2. 设计思路

本案例以风景图像作为背景，通过"高斯式模糊"效果使画面变得模糊，以此突出前景的主体内容。然后通过清晰、精美的风景照片，与背景形成虚实对比，增强了画面的层次感与设计感。

3. 配色方案

由于画面中需要使用到多个图像，而图像中的颜色通常又较为丰富，因此为了避免版面色彩杂乱，可以选择颜色相对单一的图像作为大面积展示的背景。本案例选择了偏暗紫色调的图像作为背景，经过了模糊处理的图像色彩更加简单。暗紫色作为主色调，给人以梦幻、神秘的视觉感受。在此基础上，本案例选择了带有白色与蓝色的风景照片作为主图，形成邻近色搭配，使整体画面的色彩更加和谐、统一。本案例的配色如图7-51所示。

图 7-51

4. 项目实战

（1）新建一个合适大小的文件，执行"文件>导入"命令导入素材1（1.jpg），如图7-52所示。

图 7-52

（2）在素材被选中的状态下，执行"效果>模糊>高斯式模糊"命令，在弹出的窗口中设置"半径"为5.0像素，接着单击"OK"按钮，如图7-53所示。

图 7-53

（3）此时的画面效果如图7-54所示。

图 7-54

（4）在素材被选中的状态下，执行"效果>调整>亮度"命令，在弹出的窗口中设置"亮度"为50，接着单击"OK"按钮，如图7-55所示。

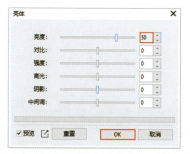

图 7-55

（5）此时的画面效果如图7-56所示。

图 7-56

（6）选中素材，执行"位图>转换为位图"命令，在弹出的"转换为位图"窗口中单击"OK"按钮，如图7-57所示。

图 7-57

（7）选中素材，选择工具箱中的"裁剪"工具，在画面中按住鼠标左键拖曳绘制裁剪框，接着单击"裁剪"按钮提交操作，如图7-58所示。

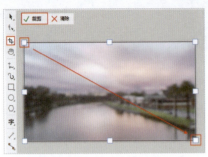

图 7-58

（8）此时，画面效果如图7-59所示。

图 7-59

（9）执行"文件>导入"命令导入素材2（2.jpg）、素材3（3.jpg）和素材4（4.jpg），并摆放在画面的合适位置，如图7-60所示。

图 7-60

（10）选择工具箱中的"矩形"工具，在素材2下方绘制一个矩形，设置"填充色"为黑色、"轮廓色"为无，如图7-61所示。

图 7-61

（11）复制该矩形，并将其移动到其他素材下方，如图7-62所示。

图 7-62

（12）执行"文件>打开"命令打开素材5（5.crd），在打开的素材5文件中选择一组文字，按Ctrl+C组合键进行复制，接着回到当前操作文件，按Ctrl+V组合键进行粘贴，并将其摆放在合适的位置，如图7-63所示。

图 7-63

（13）使用同样的方法复制其他素材，并摆放在画面的合适位置。案例完成后的效果如图7-64所示。

图 7-64

7.5 认识"相机"效果

使用"相机"效果组中的效果可以制作出各种"相机镜头"所产生的效果。执行"效果>相机"命令，在子菜单中可以看到8种效果，如图7-65所示。选中添加了效果的对象，如图7-66所示。（该效果组中的效果可以应用于位图，也可以应用于矢量图。）

图 7-65

图 7-66

该效果组中的效果使用方法比较简单，执行命令后调整参数即可。图7-67所示为应用这几种命令后的图像效果。

着色　　　　　　　　扩散

照片过滤器　　　　　镜头光晕

照明效果　　　　　　棕褐色色调

焦点滤镜　　　　　　延时

图 7-67

7.6 认识"颜色转换"效果

使用"颜色转换"效果组中的效果可以通过转换图像的颜色制作出独特的视觉效果。执行"效果>颜色转换"命令，在子菜单中可以看到4种效果，如图7-68所示。选中添加了效果的对象，如图7-69所示。（该效果组中的效果可以应用于位图，也可以应用于矢量图。）

图 7-68

图 7-69

该效果组中的效果使用方法比较简单，执行命令后调整参数即可。图7-70所示为应用这几种效果后的图像效果。

位平面　　　　　　　半色调

梦幻色调　　　　　　曝光

图 7-70

7.7 认识"轮廓图"效果

使用"轮廓图"效果组中的命令可以识别图形的边缘，模拟彩色铅笔绘画效果。执行"效果>轮廓图"命令，该效果组中包括4种效果，如图7-71所示。选中一个需要处理的对象，如图7-72所示。（该效果组中的效果可以应用于位图，也可以应用于矢量图。）

图 7-71

图 7-72

图7-73所示为应用这几种命令产生的效果。

边缘检测

查找边缘

描摹轮廓

局部平衡

图 7-73

7.8 认识"校正"效果

使用"校正"效果组中的命令可以增加或去除对象边缘的对比。执行"效果>校正"命令，该效果组中包括2种效果，如图7-74所示。选中一个需要处理的对象，如图7-75所示。（该效果组中的效果可以应用于位图，也可以应用于矢量图。）

图 7-74   图 7-75

图7-76所示为应用这几种命令产生的效果。

尘埃与刮痕

调整鲜明化

图 7-76

7.9 认识"创造性"效果

使用"创造性"效果组中的命令可以使对象表面呈现出各种样式的纹理。执行"效果>创造性"命令，该效果组中包括11种效果，如图7-77所示。选中一个需要处理的对象，如图7-78所示。（该效果组中的效果可以应用于位图，也可以应用于矢量图。）

图 7-77    图 7-78

图7-79所示为应用这几种命令产生的效果。

艺术样式

晶体化

织物

框架

玻璃砖

马赛克

散开

茶色玻璃

图 7-79

CorelDRAW 2022 平面设计案例教程（全彩慕课版）

彩色玻璃

虚光

旋涡

图 7-79（续）

7.10 认识"自定义"效果

执行"效果>自定义"命令，"自定义"效果组中包括3种效果，如图7-80所示。选中一个需要处理的对象，如图7-81所示。（该效果组中的效果可以应用于位图，也可以应用于矢量图。）

 带通滤波器(P)...
 上调映射(B)...
 用户自定义(U)...

图 7-80

带通滤波器

上调映射

图 7-81

图7-82所示为应用这几种命令产生的效果。

用户自定义

图 7-82

7.11 认识"扭曲"效果

使用"扭曲"效果组中的命令可以使对象产生不同样式的扭曲变形效果。执行"效果>扭曲"命令，该效果组中包括12种效果，如图7-83所示。选中一个需要处理的对象，如图7-84所示。（该效果组中的效果可以应用于位图，也可以应用于矢量图。）

块状(B)...
置换(D)...
网孔扭曲(M)...
偏移(I)...
像素(P)...
龟纹(R)...
切变(S)...
旋涡(O)...
平铺(T)...
湿笔画(W)...
涡流(H)...
风吹效果(N)...

图 7-83

图 7-84

图7-85所示为应用这几种命令产生的效果。

块状

置换

网孔扭曲

偏移

像素

龟纹

图 7-85

切变

旋涡

平铺

湿笔画

涡流

风吹效果

图 7-85（续）

调整杂点

添加杂点

三维立体杂点

最大值

中值

最小

去除龟纹

去除杂点

图 7-88

7.12 认识 "杂点" 效果

使用 "杂点" 效果组中的效果可以为对象添加杂点，或者去除颜色过渡所造成的颗粒效果。执行 "效果>杂点" 命令，该效果组中包括8种效果，如图7-86所示。选中一个需要处理的对象，如图7-87所示。（该效果组中的效果可以应用于位图，也可以应用于矢量图。）

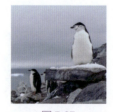

图 7-86   图 7-87

图7-88所示为应用这几种命令后细节处的效果。

7.13 认识 "鲜明化" 效果

使用 "鲜明化" 效果组中的命令可以对对象进行锐化操作，使对象看起来更加清晰。其工作原理是增加颜色之间的对比，从而突出画面的细节。执行 "效果>鲜明化" 命令，该效果组中包括5种效果，如图7-89所示。选中一个需要处理的对象，如图7-90所示。（该效果组中的效果可以应用于位图，也可以应用于矢量图。）

图 7-89   图 7-90

（1）执行"效果>鲜明化>鲜明化"命令，在打开的窗口中拖曳"边缘水平"和"阈值"滑块进行参数的调整。设置完成后单击"OK"按钮提交操作，如图7-91所示。

图 7-91

（2）通过观察对比图，可以看到小动物的毛发变得更清晰，如图7-92所示。

图 7-92

（3）其他几种命令的效果如图7-93所示。

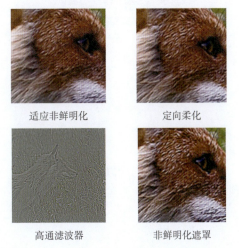
适应非鲜明化　　　　定向柔化

高通滤波器　　　　非鲜明化遮罩
图 7-93

7.14 认识"底纹"效果

使用"底纹"效果组中的命令可以为选定对象添加底纹，使其呈现出一种特殊的质地感。执行"效果>底纹"命令，在子菜单中可以看到12种效果，如图7-94所示。选中一个需要处理的对象，如图7-95所示。（该效果组中的效果可以应用于位图，也可以应用于矢量图。）

图 7-94　　　　图 7-95

图7-96所示为应用这几种命令产生的效果。

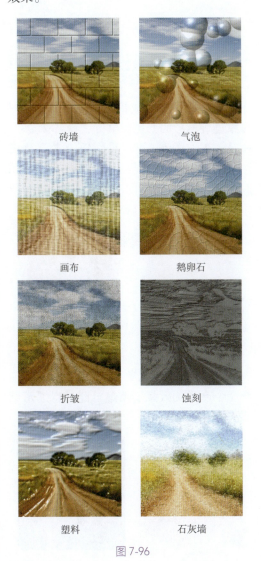
砖墙　　　　　气泡

画布　　　　　鹅卵石

折皱　　　　　蚀刻

塑料　　　　　石灰墙
图 7-96

浮雕

网格门

石头

底色

图 7-96（续）

极色化

阈值

图 7-99

7.15 认识"变换"效果

使用"变换"效果组中的命令可以对对象进行色彩的变更。执行"效果>变换"命令，在子菜单中可以看到4种效果，如图7-97所示。选中一个需要处理的对象，如图7-98所示。（该效果组中的效果可以应用于位图，也可以应用于矢量图。）

✕	去交错(D)...
⊬	反转颜色(I)
⚠	极色化(P)...
⬛	阈值(T)...

图 7-97

图 7-98

以下为应用这几种命令产生的效果，部分命令产生的效果不明显，此处将展示细节。如图7-99所示。

去交错

反转颜色

7.16 扩展练习：理想生活主题海报

文件路径：资源包\案例文件\第7章 效果\扩展练习：理想生活主题海报

案例效果如图7-100所示。

图 7-100

1. 项目诉求

本案例需要设计以"理想生活"为主题的海报，要求合理运用图像和文字展现主题。

2. 设计思路

本案例的版面采用了较为简洁的表现手法，选用了代表理想生活的图像元素，直观地表达了主题。运用了清晰、简洁的字体展现主题文字，以便观者快速识别和理解。同时在画面中运用了圆形和直线等几何图形作为装饰元素，以增强视觉的层次感。

3. 配色方案

版面采用柔和、自然的淡紫色作为主色，以体现理想生活的和谐、宁静氛围。图像部分呈现出温馨的米色调，呼应作品主题，增强了海报的亲和力。黄色作为画面的点缀色，与紫色形成鲜明的互补色进行对比，更具视觉冲击力。本案例的配色如图7-101所示。

图 7-101

4. 项目实战

（1）新建一个宽度为226mm、高度为336mm的文件，双击工具箱中的"矩形"工具，绘制一个与画板等大的矩形。选中矩形，双击界面底部的"编辑填充"按钮 ，在弹出的窗口中选中"颜色查看器"选项，选择一种合适的淡紫色，单击"OK"按钮，如图7-102所示。

图 7-102

（2）在调色板中去除轮廓色，此时画面效果如图7-103所示。

图 7-103

（3）在矩形被选中的状态下，执行"效果>底纹>画布"命令，在弹出的窗口中设置"透明度"为100%、"浮雕"为35%，接着单击"OK"按钮，如图7-104所示。

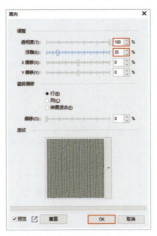

图 7-104

（4）此时背景产生了细小的纹理，背景的细节效果如图7-105所示。

图 7-105

（5）执行"文件>导入"命令导入素材1（1.png），并摆放在画面的合适位置，如图7-106所示。

图 7-106

（6）选择工具箱中的"常见形状"工具，单击属性栏中的"常用形状"按钮，在下拉面板中选择一个合适的标注形状，接着在画面的合适位置按住鼠标左键拖曳绘制形状，然后在右侧调色板中设置"填充色"为白色、"轮廓色"为无，如图7-107所示。

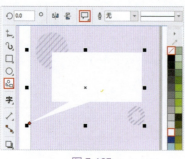

图 7-107

（7）选择标注形状，调整节点位置，效果如图7-108所示。

图 7-108

（8）使用工具箱中的"矩形"工具和"椭圆形"工具在画面空白位置绘制图形，如图7-109所示。

图 7-109

（9）将图形移动至标注图形的右上角，在右侧调色板中设置"填充色"为白色、"轮廓色"为无，如图7-110所示。

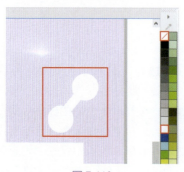

图 7-110

（10）使用同样的方法制作其他图形，并摆放在画面的合适位置，如图7-111所示。

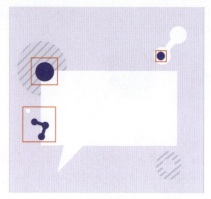

图 7-111

（11）执行"文件>导入"命令导入素材2（2.jpg）、素材3（3.jpg）和素材4（4.jpg），如图7-112所示。

图 7-112

（12）在素材4被选中的状态下，执行"效果>艺术笔触>点彩派"命令，在弹出的窗口中设置"大小"为1、"亮度"为28，接着单击"OK"按钮，如图7-113所示。

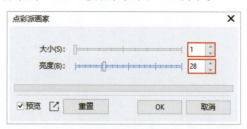

图 7-113

（13）此时素材4的画面效果如图7-114所示。

图 7-114

（14）选择工具箱中的"椭圆形"工具
○，在素材4上按住Ctrl键绘制一个正圆，如
图7-115所示。

图 7-115

（15）选中素材4，执行"对象>Power
Clip>置于图文框内部"命令，接着在正圆
上单击，如图7-116所示。

图 7-116

（16）在调色板中右击"无"去除轮廓
色，此时素材4的画面效果如图7-117所示。

图 7-117

（17）选择工具箱中的"文本"工具，
在素材下方单击输入文字，接着在属性栏中
设置合适的字体和字号，并设置"文本对
齐"为"中"，如图7-118所示。

图 7-118

（18）继续使用"文本"工具在画面的
合适位置制作其他文字。案例完成后的效果
如图7-119所示。

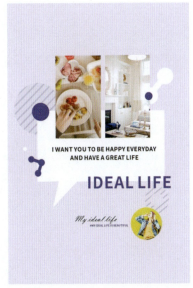

图 7-119

7.17 课后习题

1 选择题

1. CorelDRAW中的"效果"菜单可以用来做什么?（　　）
   A. 修改文本样式
   B. 绘制矢量图形
   C. 制作特殊的画面效果
   D. 导入外部图像

2. 在CorelDRAW中，哪个效果可以使对象产生绘画中的笔触感?（　　）
   A. 边缘检测效果
   B. 鲜明化效果
   C. 点彩派效果
   D. 砖墙效果

3. 在CorelDRAW中，哪个选项可以将对象颜色反相处理?（　　）
   A. 色度/饱和度/亮度
   B. 颜色平衡
   C. 色阶
   D. 反相

2 填空题

1. 在CorelDRAW中，使用（　　）可以更改画面的颜色倾向、色彩的鲜艳程度以及亮度。

2. 在CorelDRAW中，使用（　　）效果可以使对象产生均匀的模糊。

3 判断题

1. 在CorelDRAW中，所有的效果只能应用于位图。　（　　）

2. "鲜明化"效果可以降低图像的清晰度。　（　　）

课后实战

● 制作奇特的画面效果

运用CorelDRAW中的效果功能使图像产生奇特的艺术化效果，也可将处理后的图像作为海报或广告的背景使用。

第**8**章

标志设计
综合案例

文件路径：资源包\案例文件\第8章标志设计综合应用

本章将完成一个标志设计案例，效果如图 8-1 所示。

图 8-1

8.1 项目诉求

本案例需要为一家以青少年为主要消费群体的礼品店设计店铺标志。店铺标志要求简洁、明了，易于记忆和识别。在设计中应该与目标消费群体相符合，让青少年消费者能够从标志中感受到自己的特点和喜好。

8.2 设计思路

为了增强标志的吸引力和亲和力，本案例使用了明快的矢量图形作为设计元素，通过变形和组合，绘制出可爱、灵动的斑马形象。同时，选择了具有童趣感的字体，使整体标志更加生动、鲜活、富有亲和力，有助于观者对店铺产生良好的印象。

8.3 配色方案

标志以柔和的中明度黄色不规则图形为背景，给人以温馨、亲切的视觉感受。亮灰色与深灰色搭配作为斑马图形的色彩，使图形更加生动形象，易引发观者的联想。深红色标志文字明度较低，具有较强的可读性，同时也增强了标志的视觉"重量感"。粉红色作为配色中的点缀色，提升了标志整体的俏皮性与灵动感。本案例的配色如图8-2所示。

图 8-2

8.4 项目实战

8.4.1 制作标志背景及文字

（1）新建一个A4大小的文件，双击工具箱中的"矩形"工具，绘制一个与画板等大的矩形，设置"填充色"为白色并去除轮廓线，如图8-3所示。

图 8-3

（2）选择工具箱中的"矩形"工具▢，在画面中按住Ctrl键的同时按住鼠标左键拖曳绘制一个正方形，如图8-4所示。

图 8-4

（3）选中正方形，双击界面底部的"编辑填充"按钮，在弹出的"编辑填充"窗口中单击"均匀填充"按钮，选中"颜色查看器"选项，选择一种黄色，接着单击"OK"按钮，如图8-5所示。

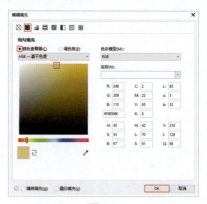

图 8-5

（4）在矩形被选中的状态下，在属性栏中设置"轮廓宽度"为"无"并去除轮廓色，如图8-6所示。

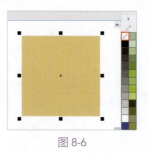

图 8-6

CorelDRAW 2022　平面设计案例教程（全彩慕课版）

（5）选中正方形，选择工具箱中的"封套"工具，接着调整图形的形状，如图8-7所示。

图 8-7

（6）选择工具箱中的"矩形"工具□，在图形上方绘制一个矩形，单击属性栏中的"圆角"按钮，设置"圆角半径"为4.0mm、"填充色"为粉色、"轮廓色"为无，如图8-8所示。

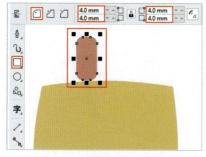

图 8-8

（7）选中圆角矩形，右击，在弹出的快捷菜单中执行"转换为曲线"命令，如图8-9所示。

图 8-9

（8）在圆角矩形被选中的状态下，选择工具箱中的"形状"工具，接着调整其形状，如图8-10所示。

图 8-10

（9）在图形被选中的状态下，再次使用"选择"工具在图形上单击，接着拖曳控制点，将图形旋转至合适的角度，如图8-11所示。

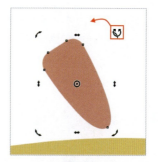

图 8-11

（10）选择工具箱中的"钢笔"工具▲，在合适的位置绘制图形，设置"填充色"为白色、"轮廓色"为无，如图8-12所示。

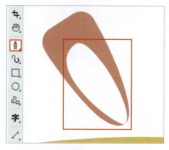

图 8-12

（11）继续使用"钢笔"工具在右侧绘制图形，并填充合适的颜色，如图8-13所示。

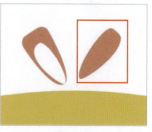

图 8-13

（12）选择工具箱中的"文本"工具，在黄色图形下方输入文字，在属性栏中设置合适的字体和字号，并设置"填充色"为深红色，如图8-14所示。

图 8-14

（13）此时标志背景及文字制作完成，案例完成后的效果如图8-15所示。

图 8-15

8.4.2 **制作标志主体图形**

（1）选择工具箱中的"钢笔"工具 ，在画面空白位置绘制图形，设置"填充色"为70%黑、"轮廓色"为无，如图8-16所示。

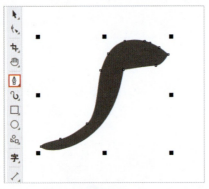

图 8-16

（2）在图形被选中的状态下，选择工具箱中的"钢笔"工具，在图形边缘添加节点并调整节点形状，如图8-17所示。

图 8-17

（3）使用同样的方法添加其他节点并调整节点形状，如图8-18所示。

图 8-18

（4）选择工具箱中的"钢笔"工具，在下方的合适位置绘制小马身体图形，设置"填充色"为灰色、"轮廓色"为无，如图8-19所示。

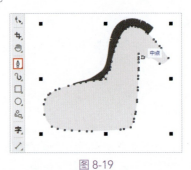

图 8-19

（5）选择工具箱中的"椭圆形"工具 ，在小马背部的合适位置绘制一个椭圆，设置"填充色"为70%黑、"轮廓色"为无，如图8-20所示。

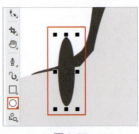

图 8-20

（6）在椭圆被选中的状态下，再次使用"选择"工具在椭圆上单击，拖曳控制点将椭圆旋转至合适的角度，如图8-21所示。

图 8-21

（7）继续使用"椭圆形"工具在小马背部和腹部绘制椭圆，选中这些椭圆形，按Ctrl+G组合键进行组合，如图8-22所示。

图 8-22

（8）选择工具箱中的"钢笔"工具✎，在小马头部下方的合适位置绘制图形，设置"填充色"为黑色、"轮廓色"为无，如图8-23所示。

图 8-23

（9）选中图形，选择工具箱中的"透明度"工具▨，单击属性栏中的"均匀透明度"按钮，设置"透明度"为90，如图8-24所示。

图 8-24

（10）选中椭圆组和阴影部位，右击，在弹出的快捷菜单中执行"PowerClip内部"命令，如图8-25所示。

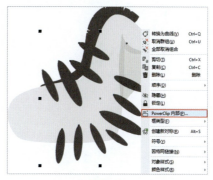

图 8-25

（11）在小马身体图形上单击，此时画面效果如图8-26所示。

图 8-26

（12）选择工具箱中的"钢笔"工具✎，在小马头部的合适位置绘制耳朵图形，设置"填充色"为灰色、"轮廓色"为无，如图8-27所示。

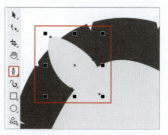

图 8-27

（13）使用同样的方法绘制其他图形组成耳朵，效果如图8-28所示。

图 8-28

（14）绘制眼睛。选择工具箱中的"B样条"工具，在小马头部的合适位置绘制图形，如图8-29所示。

图8-29

（15）绘制睫毛。选择工具箱中的"钢笔"工具 ✎，在眼睛下方的合适位置绘制图形，如图8-30所示。

图8-30

（16）选中图形，双击界面底部的"轮廓笔"按钮，在弹出的"轮廓笔"窗口中设置"线条端头"为圆头端点，接着单击"OK"按钮，如图8-31所示。

图8-31

（17）使用同样的方法绘制其他睫毛，效果如图8-32所示。

图8-32

（18）选择工具箱中的"钢笔"工具 ✎，在小马头部绘制图形，设置"填充色"为黑色、"轮廓色"为无，如图8-33所示。

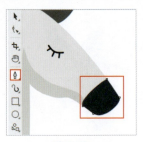

图8-33

（19）此时小马图形制作完成。选中所有图形，按Ctrl+G组合键进行组合，如图8-34所示。

图8-34

（20）将小马图形移动至黄色背景图形处，适当进行缩放。选中小马图形，右击，在弹出的快捷菜单中执行"PowerClip内部"命令，如图8-35所示。

图8-35

（21）在黄色背景图形上单击，案例完成后的效果如图8-36所示。

图8-36

CorelDRAW 2022
平面设计案例教程（全彩慕课版）

第**9**章

UI设计
综合案例

文件路径：资源包\案例文件\第9章UI设计综合应用

本章将完成一个 UI 设计案例，效果如图 9-1 所示。

本章要点

图 9-1

9.1 项目诉求

本案例需要为休闲类手机小游戏设计系统设置界面，要求展示游戏音乐及音效等的设置选项。在设计系统设置界面时，需要做到简洁、明了，以便玩家能够快速找到需要的选项和信息，不会因为过于复杂的界面而感到疲惫和无从下手。

9.2 设计思路

在休闲游戏中，玩家通常不会花费太多时间来调整游戏设置，因此界面设计需要尽可能地简单、易用。这样能够使玩家通过数量较少的单击和滑动轻松完成设置，避免冗长的操作流程。而且，色彩鲜明的界面能够增加游戏的趣味性。因此，系统设置界面也应该采用明亮的色彩，让玩家感受到轻松、愉悦的氛围。

9.3 配色方案

游戏界面以冷色调为主，当前的设置界面也应保持相同的配色风格。本案例以白色作为操作项的背景色，蓝色和粉色作为按钮的颜色，点缀了些许黄绿色。三者对比给人以轻松、活泼之感，使按钮与文字更加突出、醒目。本案例的配色如图9-2所示。

图 9-2

9.4 项目实战

9.4.1 制作界面主体部分

（1）新建一个宽度为1242px、高度为2208px、"原色模式"为RGB、分辨率为72dpi的文件，执行"文件>导入"命令导入素材1（1.jpg），并调整到与画面等大，如

图9-3所示。

图 9-3

（2）选择工具箱中的"矩形"工具，绘制一个与画面等大的矩形，设置"填充色"为蓝色、"轮廓色"为无，如图9-4所示。

图 9-4

（3）选中矩形，选择工具箱中的"透明度"工具，单击属性栏中的"均匀透明度"按钮，设置"透明度"为50，如图9-5所示。

图 9-5

（4）选择工具箱中的"矩形"工具，在画面中按住Ctrl键的同时按住鼠标左键拖曳绘制一个正方形，接着单击属性栏中的"圆角"按钮，设置"圆角半径"为116.0px，如图9-6所示。

图 9-6

（5）选中圆角矩形，选择工具箱中的"交互式填充"工具，单击属性栏中的"渐变填充"按钮，然后在右侧选择"线性渐变填充"，设置完成后调整颜色节点，编辑一个青色系渐变，如图9-7所示。

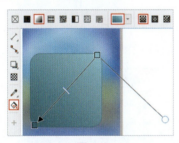

图 9-7

（6）选中圆角矩形，选择工具箱中的"阴影"工具，单击属性栏中的"内阴影"工具按钮，在图形上按住鼠标拖曳，释放鼠标左键即可添加阴影。接着在属性栏中设置"阴影颜色"为青蓝色、"合并模式"为"乘"、"阴影不透明度"为70、"阴影羽化"为15，如图9-8所示。

图 9-8

（7）使用同样的方法绘制另外一个圆角矩形，如图9-9所示。

图 9-9

（8）选择工具箱中的"钢笔"工具，在圆角矩形上方绘制图形，如图9-10所示。

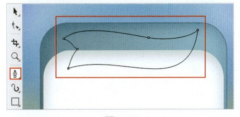

图 9-10

（9）选中图形，选择工具箱中的"交互式填充"工具，单击属性栏中的"渐变填充"按钮，然后在右侧选择"线性渐变填充"。设置完成后调整颜色节点，编辑一个粉色系渐变，并去除轮廓色，如图9-11所示。

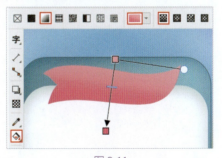

图 9-11

（10）选中图形，选择工具箱中的"阴影"工具，接着单击属性栏中的"阴影"工具按钮，在图形上按住鼠标左键拖曳，释放鼠标即可添加阴影。接着在属性栏中设置"阴影颜色"为粉色、"合并模式"为"乘"、"阴影不透明度"为30、"阴影羽化"为15，如图9-12所示。

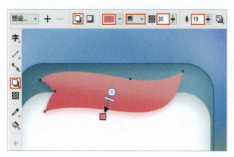

图 9-12

（11）选中粉色图形，按Ctrl+C组合键
进行复制，按Ctrl+V组合键进行粘贴，接着
将其移动到下方的合适位置，并更改"填充
色"为暗粉色，如图9-13所示。

图 9-13

（12）选中暗粉色图形，右击，在弹出
的快捷菜单中执行"顺序>向后一层"命
令，如图9-14所示。

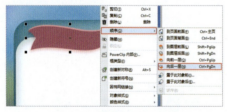

图 9-14

（13）此时，画面效果如图9-15所示。

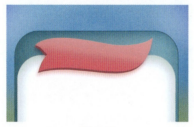

图 9-15

（14）选择工具箱中的"2点线"工具，
在画面中按住Shift键的同时按住鼠标拖曳绘
制一条直线，设置"轮廓色"为20%黑，如
图9-16所示。

图 9-16

（15）选中直线，按Ctrl+C组合键进行
复制，按Ctrl+V组合键进行粘贴，接着将其
移动到下方的合适位置，如图9-17所示。

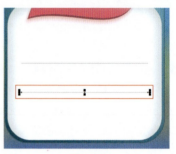

图 9-17

（16）此时界面主体部分制作完成，画
面效果如图9-18所示。

图 9-18

9.4.2 制作界面中的按钮

（1）选择工具箱中的"矩形"工具，在
画面中绘制一个矩形，设置"填充色"为灰
色、"轮廓色"为无。接着单击属性栏中的
"圆角"按钮，设置"圆角半径"为65px，
如图9-19所示。

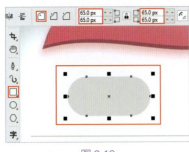

图 9-19

（2）选中圆角矩形，选择工具箱中的"阴影"工具，单击属性栏中的"内阴影"工具按钮，在图形上按住鼠标组合键拖曳，释放鼠标组合键即可添加阴影。接着在属性栏中设置"阴影颜色"为深灰色、"合并模式"为"常规"、"阴影不透明度"为50、"阴影羽化"为30，如图9-20所示。

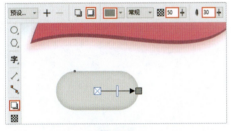

图 9-20

（3）选择工具箱中的"椭圆形"工具，在画面中按住Ctrl键的同时按住鼠标左键拖曳绘制一个正圆形。设置"轮廓色"为深灰色，接着在属性栏中设置"轮廓宽度"为3.0px，如图9-21所示。

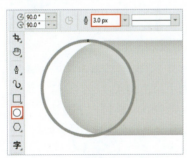

图 9-21

（4）选中正圆，选择工具箱中的"交互式填充"工具，在属性栏中单击"渐变填充"按钮，然后在右侧选择"线性渐变填充"，设置完成后调整颜色节点，编辑一个灰色系渐变，如图9-22所示。

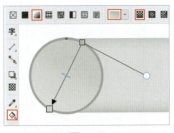

图 9-22

（5）选中正圆，选择工具箱中的"阴影"工具，单击属性栏中的"内阴影"工具按钮，在图形上按住鼠标左键拖曳，释放鼠标左键即可添加阴影。接着在属性栏中设置"阴影颜色"为白色、"合并模式"为"常规"、"阴影不透明度"为30、"阴影羽化"为3，如图9-23所示。

图 9-23

（6）选择工具箱中的"钢笔"工具，在正圆右上角位置绘制高光图形，设置"填充色"为白色、"轮廓色"为无，如图9-24所示。

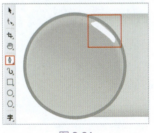

图 9-24

（7）在圆形左下角绘制白色图形，此时灰色按钮效果如图9-25所示。

图 9-25

（8）使用同样的方法绘制其他图形，如图9-26所示。

图 9-26

（9）选择工具箱中的"矩形"工具，绘制一个矩形，接着单击属性栏中的"圆角"按钮，设置"圆角半径"为40.0px、"旋转角度"为45.0°，如图9-27所示。

图 9-27

（10）选中圆角矩形，按Ctrl+C组合键进行复制，按Ctrl+V组合键进行粘贴，接着单击属性栏中的"水平镜像"按钮，如图9-28所示。

图 9-28

（11）选中两个圆角矩形，单击属性栏中的"焊接"按钮，如图9-29所示。

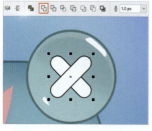

图 9-29

（12）在调色板中去除轮廓色，此时关闭图形效果如图9-30所示。

图 9-30

（13）选中关闭图形，选择工具箱中的"阴影"工具，接着单击属性栏中的"阴影"工具按钮，在图形上按住鼠标左键拖曳，释放鼠标左键即可添加阴影。接着在属性栏中设置"阴影颜色"为黑色、"合并模式"为"乘"、"阴影不透明度"为40、"阴影羽化"为10，如图9-31所示。

图 9-31

（14）使用同样的方法绘制其他图形，并摆放在画面的合适位置，如图9-32所示。

图 9-32

（15）选择工具箱中的"文本"工具，在画面中单击输入文字，设置"填充色"为白色，接着在文字被选中的状态下，在属性栏中设置合适的字体和字号，如图9-33所示。

图 9-33

CorelDRAW 2022
平面设计案例教程（全彩慕课版）

（16）选中文字，双击界面底部的"轮廓笔"按钮，在弹出的"轮廓笔"窗口中设置"颜色"为暗粉色、"宽度"为细线，如图9-34所示。

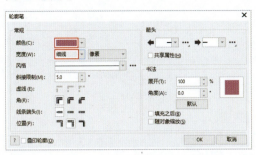

图 9-34

（17）选中文字，选择工具箱中的"阴影"工具，在文字上按住鼠标左键拖曳，释放鼠标左键即可添加阴影。接着在属性栏中设置"阴影颜色"为暗粉色、"阴影不透明度"为100、"阴影羽化"为20，如图9-35所示。

图 9-35

（18）使用同样的方法制作其他文字，并摆放在画面的合适位置，如图9-36所示。

图 9-36

（19）案例完成后的效果如图9-37所示。

图 9-37

第 **10** 章

广告设计
综合案例

文件路径：资源包\案例文件\第10章广告设计综合应用

本章将完成一个广告设计案例，效果如图 10-1 所示。

本章要点

图 10-1

10.1 项目诉求

本案例需要一家生鲜超市设计宣传单，要求突出生鲜超市"提供新鲜、优质、丰富的食材"的核心卖点，提高顾客的购买欲望，并在宣传单中使用明确的购买指引和优惠信息。同时，宣传单还要求设计精美、简洁明了，让顾客印象深刻，并且可以在店内外广泛传播。

10.2 设计思路

宣传单最主要的目的是吸引消费者的关注。相较于文字而言，图像对视觉的吸引力无疑更大。本案例将版面分为上、下两个部分，将实拍的新鲜果蔬照片作为版面上半部分展示的主体，直观地展现产品的外观。而版面下半部分则重点展示产品的价格和促销信息，以真实、直观的信息更有力地引导消费者进店消费。

10.3 配色方案

本案例采用了暖色调的配色方案，其中主图以橙色与黄绿色所占比重较大，给人以自然、新鲜的视觉印象。图形部分则采用了黄色、粉色、浅绿色等纯度较高的色彩进行搭配，形成了明亮、富有活力的画面效果，同时具有较强的视觉吸引力。本案例的配色如图10-2所示。

图 10-2

10.4 项目实战

10.4.1 制作广告的上半部分

（1）新建一个A4大小的竖版文件，执行"文件>导入"命令导入素材1（1.jpg），并摆放在画面左上角位置，如图10-3所示。

图 10-3

（2）选择工具箱中的"矩形"工具，在素材1的合适位置绘制一个矩形，如图10-4所示。

图 10-4

（3）在矩形被选中的状态下，双击界面底部的"编辑填充"按钮 ◇ ，在弹出的窗口中单击"均匀填充"按钮，选中"颜色查看器"选项，选择一种合适的暗橘色，单击"OK"按钮，如图10-5所示。

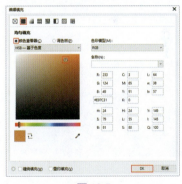

图 10-5

（4）在调色板中去除轮廓色，效果如图10-6所示。

图 10-6

（5）选中矩形，选择工具箱中的"透明度"工具，单击属性栏中的"均匀透明度"按钮，设置"合并模式"为"如果更暗"、"透明度"为50，如图10-7所示。

图 10-7

（6）选择工具箱中的"钢笔"工具，在橘子图像的左侧绘制一个四边形，如图10-8所示。

图 10-8

（7）选中素材1和矩形，右击，在弹出的快捷菜单中执行"PowerClip内部"命令，如图10-9所示。

图 10-9

（8）在四边形上单击，并设置"轮廓色"为无，此时画面效果如图10-10所示。

图 10-10

（9）使用同样的方法导入素材2（2.jpg），并制作合适的效果，如图10-11所示。

图 10-11

（10）选择工具箱中的"矩形"工具，在画面顶部绘制一个矩形，设置"填充色"为橄榄绿、"轮廓色"为无，如图10-12所示。

图 10-12

（11）选择工具箱中的"钢笔"工具，在矩形的合适位置绘制一个四边形，设置"填充色"为白色、"轮廓色"为无，如图10-13所示。

图 10-13

（12）选中四边形，选择工具箱中的"透明度"工具，单击属性栏中的"均匀透明度"按钮，设置"透明度"为20，如图10-14所示。

图 10-14

（13）选择工具箱中的"文本"工具，在画面中单击后输入文字，接着在文字被选中的状态下，在属性栏中设置合适的字体和字号，如图10-15所示。

图 10-15

（14）使用同样的方法制作下方文字，效果如图10-16所示。

图 10-16

（15）使用同样的方法制作右侧图形及文字，如图10-17所示。

图 10-17

（16）选择工具箱中的"椭圆形"工具，按住Ctrl键的同时按住鼠标左键拖曳，在画面中绘制一个正圆，设置"填充色"为紫色、"轮廓色"为无，如图10-18所示。

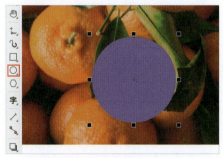

图 10-18

（17）执行"文件>导入"命令导入素材3（3.png），调整大小后摆放在正圆的合适位置，如图10-19所示。

图 10-19

（18）选择工具箱中的"椭圆形"工具，按住Ctrl键的同时按住鼠标左键拖曳，在画面中绘制一个正圆，设置"轮廓色"为白色。接着在属性栏中设置"轮廓宽度"为9.0px，如图10-20所示。

图 10-20

（19）选中正圆，选择工具箱中的"透明度"工具，单击属性栏中的"均匀透明度"按钮，设置"透明度"为50，如图10-21所示。

图 10-21

（20）继续使用"椭圆形"工具在画面合适位置绘制白色椭圆，如图10-22所示。

图 10-22

（21）选择工具箱中的"文本"工具，在画面中单击输入文字。接着在文字被选中的状态下，设置"填充色"为白色，并在属性栏中设置合适的字体和字号，如图10-23所示。

图 10-23

（22）使用同样的方法在画面的合适位置制作其他文字，效果如图10-24所示。

图 10-24

（23）选中紫色正圆及其内部元素，将其复制并移动到合适位置，然后更改正圆的颜色及内容，如图10-25所示。

图 10-25

（24）继续复制并更改内容，然后选中每个正圆及上方所有内容，分别按Ctrl+G组合键进行组合。广告的上半部分制作完成，效果如图10-26所示。

图 10-26

10.4.2　制作广告的下半部分

（1）选择工具箱中的"矩形"工具，在画面中绘制一个矩形，设置"填充色"为黄色、"轮廓色"为无，如图10-27所示。

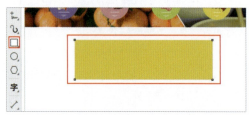

图 10-27

（2）选中矩形，执行"效果>三维效果>卷页"命令，在弹出的窗口中设置"卷页位置"为右上角、"方向"为水平、"宽度"为14%、"高度"为43%，接着单击"OK"按钮，如图10-28所示。

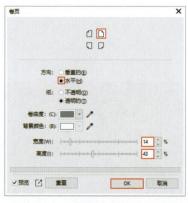

图 10-28

（3）此时的黄色矩形效果如图10-29所示。

图 10-29

（4）执行"文件>导入"命令导入素材6（6.png）和素材7（7.png），调整大小后摆放在黄色矩形左侧的合适位置，如图10-30所示。

图 10-30

（5）选择工具箱中的"文本"工具，在画面中单击输入文字，设置"填充色"为白色。接着在文字被选中的状态下，在属性栏中设置合适的字体和字号，如图10-31所示。

图 10-31

（6）选中文字，选择工具箱中的"透明度"工具，单击属性栏中的"均匀透明度"按钮，设置"合并模式"为"柔光"、"透明度"为30，如图10-32所示。

图 10-32

（7）使用同样的方法在黄色矩形上的合适位置制作其他文字，效果如图10-33所示。

图 10-33

（8）选择工具箱中的"椭圆形"工具，按住Ctrl键的同时按住鼠标左键拖曳，在黄色矩形左侧绘制一个正圆，设置其"填充色"为黄色、"轮廓色"为白色，接着在属性栏中设置"轮廓宽度"为31.0px，如图10-34所示。

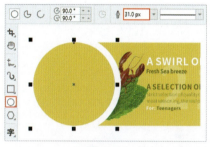

图 10-34

（9）执行"文件>导入"命令导入素材6，调整大小并摆放在正圆的合适位置，如图10-35所示。

图 10-35

（10）选择工具箱中的"椭圆形"工具，按住Ctrl键的同时按住鼠标左键拖曳，在素材6上方绘制一个正圆，设置"轮廓色"为白色，接着在属性栏中设置"轮廓宽度"为9.0px，如图10-36所示。

图 10-36

（11）选中正圆，选择"透明度"工具，单击属性栏中的"均匀透明度"按钮，设置"透明度"为50，如图10-37所示。

图 10-37

（12）继续使用"椭圆形"工具在画面的合适位置绘制白色椭圆，如图10-38所示。

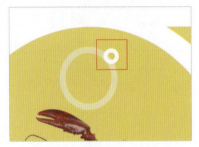

图 10-38

（13）选择工具箱中的"文本"工具，在画面中单击后输入文字，设置"填充色"为白色，接着在文字被选中的状态下，在属性栏中设置合适的字体和字号，如图10-39所示。

图 10-39

（14）继续使用"文本"工具在黄色正圆的合适位置制作其他文字。此时黄色模块制作完成，效果如图10-40所示。

图 10-40

（15）复制出另外3个黄色模块，移动到下方，并分别更改每组模块中的细节，此时的画面效果如图10-41所示。

图 10-41

（16）选择工具箱中的"矩形"工具，在画面底部绘制一个矩形，设置"填充色"为橄榄绿、"轮廓色"为无，如图10-42所示。

图 10-42

（17）案例完成后的效果如图10-43所示。

图 10-43

第**11**章

包装设计
综合案例

文件路径：资源包\案例文件\第11章包装设计综合应用

本章将完成一个包装设计案例，效果如图 11-1 所示。

图 11-1

11.1 项目诉求

本案例需要为一款主打健康、天然、新鲜的果汁饮品设计标签，要求在标签上突出产品特点和优势，如口感、材料等；同时通过标签的形状、颜色和装饰元素等呈现方式，使标签整体颜色和谐，突出产品特点和品牌形象，提高产品的辨识度。

11.2 设计思路

本案例的标签设计力求突出产品特点和品牌形象，标签的配色传达出清新、自然、健康的氛围。同时，在标签上加入了橙子与绿叶等装饰元素，表明了产品的口味与原材料，并通过对文字造型的设计，增强了标签的趣味性与灵动感，使标签更具视觉冲击力。

11.3 配色方案

标签采用暖色调的配色方案，以橙子的色彩作为主色，表明了产品的口味。橙色的明度与纯度较高，给人以明媚、阳光、鲜活的视觉感受，可以很好地刺激观者的食欲，使美味感怦然而出。棕色作为辅助色，出现在边框处，使标签更加"沉稳"，结合绿色的点缀，给人以生机勃勃的感觉。本案例的配色如图11-2所示。

图 11-2

11.4 项目实战

11.4.1 制作标签平面图

（1）新建一个宽度为110mm、高度为150mm的文件，选择工具箱中的"矩形"工具，在画面中绘制一个矩形，接着单击属性栏中的"圆角"按钮，设置"圆角半径"为20mm、"轮廓宽度"为0.6pt，如图11-3所示。

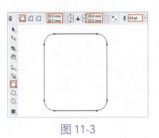

图 11-3

（2）选择工具箱中的"椭圆形"工具，按住Ctrl键的同时按住鼠标左键拖曳，在圆角矩形下方绘制一个正圆，接着在属性栏中设置"轮廓宽度"为0.6pt，如图11-4所示。

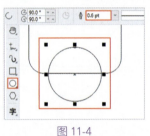

图 11-4

（3）选择工具箱中的"矩形"工具，在圆角矩形下方绘制一个矩形，接着在属性栏中设置"轮廓宽度"为0.6pt，如图11-5所示。

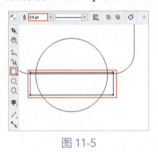

图 11-5

（4）选中所有图形，单击属性栏中的"焊接"按钮，如图11-6所示。

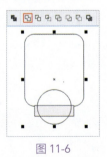

图 11-6

（5）此时的画面图形效果如图11-7所示。

图 11-7

（6）选中图形，按Ctrl+C组合键进行复制，按Ctrl+V组合键进行粘贴，然后将其缩小。接着在属性栏中设置"轮廓宽度"为7pt，并设置"轮廓色"为褐色，如图11-8所示。

图 11-8

（7）选择工具箱中的"文本"工具，在画面中单击输入文字，接着在文字被选中的状态下，在属性栏中设置合适的字体和字号，并设置"填充色"为橙色，如图11-9所示。

图 11-9

（8）继续使用"文本"工具制作稍大点的文字。选中文字，选择工具箱中的"阴影"工具，在文字上按住鼠标左键拖曳，释放鼠标左键即可添加阴影。接着在属性栏中设置"阴影颜色"为深橙色、"合并模式"为"乘"、"阴影不透明度"为50、"阴影羽化"为10，如图11-10所示。

图 11-10

（9）使用同样的方法制作下方文字，并添加阴影效果，如图11-11所示。

图 11-11

（10）选择工具箱中的"钢笔"工具，在文字下方绘制一个路径，设置"轮廓色"为橙色，接着在属性栏中设置"轮廓宽度"为2pt，如图11-12所示。

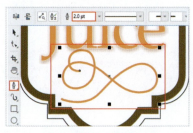

图 11-12

（11）选择工具箱中的"钢笔"工具，在图形上方绘制图形，设置"填充色"为橘色、"轮廓色"为白色，接着在属性栏中设置"轮廓宽度"为3pt，如图11-13所示。

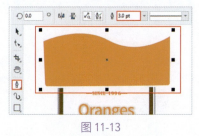

图 11-13

（12）选择工具箱中的"文本"工具，

在画面中单击输入文字，接着在文字被选中的状态下，在属性栏中设置合适的字体和字号，并设置"填充色"为白色，如图11-14所示。

图 11-14

（13）选择工具箱中的"钢笔"工具，在橙色图形左上方绘制一个高光图形，如图11-15所示。

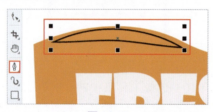

图 11-15

（14）选中图形，将其"填充色"设置为白色，并去除轮廓色，如图11-16所示。

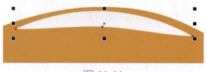

图 11-16

（15）选中图形，选择工具箱中的"透明度"工具，单击属性栏中的"渐变透明度"按钮，然后在右侧选择"线性渐变透明度"，设置完成后调整节点的位置，如图11-17所示。

图 11-17

（16）使用同样的方法制作其他高光图

形，效果如图11-18所示。

图 11-18

（17）执行"文件>导入"命令导入素材1（1.png），调整大小并摆放在画面的合适位置，如图11-19所示。

图 11-19

（18）导入素材2（2.png）并选中，选择工具箱中的"阴影"工具，在素材2上按住鼠标左键拖曳，释放鼠标左键即可添加阴影。接着在属性栏中设置"阴影颜色"为深橙色、"合并模式"为"乘"、"阴影不透明度"为35、"阴影羽化"为5，如图11-20所示。

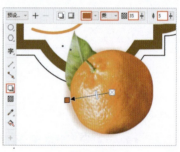

图 11-20

（19）选中素材1和素材2，将其复制并摆放在画面的合适位置，此时标签平面图制作完成，效果如图11-21所示。

图 11-21

11.4.2 制作标签展示效果图

（1）选择工具箱中的"矩形"工具，在画面空白位置绘制一个矩形，如图11-22所示。

图 11-22

（2）选中矩形，选择工具箱中的"交互式填充"工具，单击属性栏中的"渐变填充"按钮，然后在右侧选择"线性渐变填充"，设置完成后调整颜色节点，编辑一个白色到青色的渐变，并去除轮廓色，如图11-23所示。

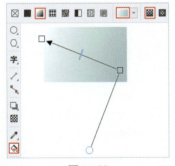

图 11-23

（3）执行"文件>导入"命令导入素材3（3.png），并摆放在画面的合适位置，如图11-24所示。

图 11-24

（4）选中标签平面图，将其复制一份，并摆放在素材3的合适位置，如图11-25所示。

图 11-25

（5）选择工具箱中的"矩形"工具，在画面中绘制一个矩形，如图11-26所示。

图 11-26

（6）选中该矩形，选择工具箱中的"交互式填充"工具，单击属性栏中的"渐变填充"按钮，然后在右侧选择"线性渐变填充"。设置完成后调整颜色节点，编辑一个白色到黑色再到白色的渐变，并去除轮廓色，如图11-27所示。

图 11-27

（7）选中该矩形，选择工具箱中的"透明度"工具，单击属性栏中的"均匀透明度"按钮，设置"合并模式"为减少、"透明度"为90，如图11-28所示。

图 11-28

（8）此时的画面效果如图11-29所示。

图 11-29

（9）选中杯子部分的对象，将其复制一份并摆放在合适位置。案例完成后的效果如图11-30所示。

图 11-30

第**12**章

服装设计
综合案例

本章要点

文件路径：资源包\案例文件\第12章服装设计综合应用

本章将完成一个服装设计案例，效果如图 12-1 所示。

图 12-1

12.1 项目诉求

本案例需要设计春夏女士长袖上衣的款式图。服装面向18~25岁的女性消费者，风格以清新、自然为主，要求设计出两款不同配色的款式图。

12.2 设计思路

这款春夏女士上衣款式图的设计主要以舒适和时尚为出发点。首先，在灯笼袖的设计上，采用了宽松的版型，使得女性穿着更加舒适自在。在袖口处采用了松紧的设计，既方便了活动，也增加了服饰的时尚感。在细节方面，在衣袖处添加了蕾丝元素，点缀了整件服装，使得整体造型更加精致、浪漫，同时也尽显女性的甜美和优雅。此外，在选材方面，考虑到春夏季节的特点，选用了柔软透气的面料，以确保舒适度的同时，还能让人感到清爽、轻盈。

12.3 配色方案

本案例采用浅色系的配色方式，提供了两种配色方案。第一种方案为纯色上衣，以淡青绿色为主色，充满了清新的春日气息，非常适合春夏季日常穿着。第二种方案则将白色与蓝色进行搭配，条纹的设计更显灵动，打造出独具个性与随性的风格。本案例的配色如图12-2所示。

图 12-2

12.4 项目实战

12.4.1 制作单色上衣款式图

（1）新建一个A4大小的横向空白文件，双击工具箱中的"矩形"工具按钮，绘制一

个与画板等大的矩形，同时将其填充为灰绿色并去除轮廓色，如图12-3所示。

图 12-3

（2）继续使用"矩形"工具，在灰绿色矩形中间位置绘制一个白色的正方形，如图12-4所示。

图 12-4

（3）制作上衣的后片图形。选择工具箱中的"钢笔"工具，在白色正方形左侧位置绘制图形，同时将其填充为青灰色，并在属性栏中设置"轮廓宽度"为1px，如图12-5所示。

图 12-5

（4）制作上衣的前片效果。将后片图形选中并复制一份，接着将其"填充色"更改为浅绿色。选择工具箱中的"形状"工具，按住鼠标左键框选图形底部的节点，将节点选中后按住鼠标左键向上拖曳，缩短前片的高度，这样就可以露出后片图形，如图12-6所示。

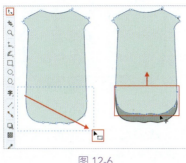

图 12-6

（5）制作衣领的前领圈。选择工具箱中的"钢笔"工具，在衣领位置绘制前领圈图形。接着使用"形状"工具，对绘制的图形进行局部形状的调整。然后选中图形，在属性栏中设置"轮廓宽度"为1.0px，如图12-7所示。

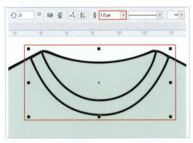

图 12-7

（6）制作衣领部位的后片效果。继续使用"钢笔"工具，在前领圈内部绘制图形，将其填充为和后片相同的颜色，并在属性栏中设置"轮廓宽度"为0.5px，如图12-8所示。

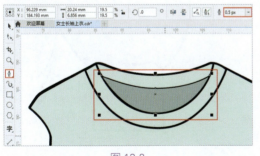

图 12-8

（7）制作衣服前片左侧的褶皱效果，以增强视觉的真实性。选择工具箱中的"艺术笔"工具，单击属性栏中的"预设"按钮，设置合适的"预设笔触"和"笔触宽度"。设置完成后在前片图形左侧绘制线条，如图12-9所示。

图 12-9

（8）在案例效果中可以看到，衣服上的褶皱都呈直线，而此时绘制的褶皱带有一定的弧度，所以需要进一步调整。选中绘制的图形，接着选择工具箱中的"形状"工具，将光标放在需要调整的节点上，按住鼠标进行拖曳，如图12-10所示。

图 12-10

（9）使用同样的方法对其他节点进行调整，效果如图12-11所示。

图 12-11

（10）使用"艺术笔"工具绘制其他褶皱，同时结合使用"形状"工具进行弯曲弧度的调整，效果如图12-12所示。

图 12-12

（11）为服饰的前片和后片底部添加辑明线。首先绘制前片底部的辑明线，选择工具箱中的"钢笔"工具，按照前片底部的轮廓进行绘制，然后在属性栏中设置"轮廓宽度"为0.5px，在"线条样式"的下拉列表中选择合适的虚线样式，如图12-13所示。

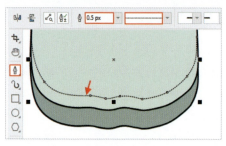

图 12-13

（12）将绘制完成的辑明线复制一份，并放在已有图形的上方位置。然后通过使用"形状"工具，对复制得到的图形的左右两端进行调整。如图12-14所示。

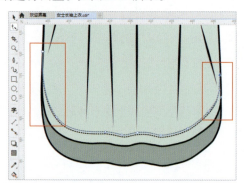

图 12-14

（13）使用同样的方法制作第三条辑明线，效果如图12-15所示。

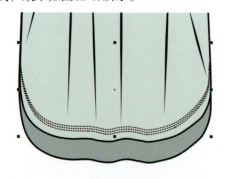

图 12-15

（14）以制作前片辑明线的方式来制作后片底部的辑明线，效果如图12-16所示。

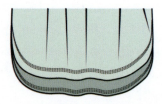

图 12-16

（15）绘制左袖的外轮廓。选择工具箱中的"钢笔"工具，在上衣左侧袖口位置绘制长袖的外轮廓图形，同时在属性栏中设置"轮廓宽度"为1.0px，并将其填充为和前片相同的颜色，如图12-17所示。

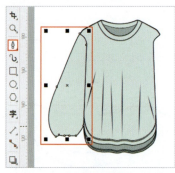

图 12-17

（16）绘制袖口。由于该上衣为泡泡袖，因此袖口一般都是有松紧的。这样不仅可以将手臂的缺陷遮挡住，同时也具有很强的时尚感。选择工具箱中的"钢笔"工具，将松紧袖口的外轮廓绘制出来，如图12-18所示。

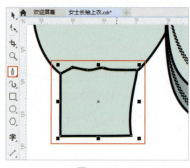

图 12-18

（17）在袖口底部添加一些弯曲的细节效果，增强整体的时尚感。选择工具箱中的"涂抹"工具，在属性栏中设置合适的"笔尖半径"和"压力"数值。设置完成后在袖口底部按住鼠标左键向上拖曳。如图12-19所示。

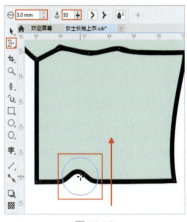

图 12-19

（18）继续使用该工具为其他部位添加弯曲弧度的效果，如图12-20所示。

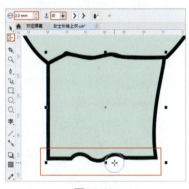

图 12-20

（19）制作松紧袖口的褶皱效果。选择工具箱中的"钢笔"工具，在袖口外轮廓图上方绘制曲线，在属性栏中设置"轮廓宽度"为0.3px，如图12-21所示。

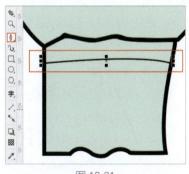

图 12-21

（20）将绘制的曲线复制一份并向下移动，同时结合使用"形状"工具对弯曲的弧度及摆放位置进行相应的调整，如图12-22所示。

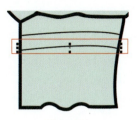

图 12-22

（21）使用同样的方法制作其他几条曲线，效果如图12-23所示。

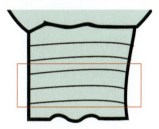

图 12-23

（22）制作弧线上方的细密褶皱。由于在松紧带的作用下，该部位的褶皱效果没有规律可言，因此选择工具箱中的"手绘"工具。在第一条弯曲的弧线上方按住鼠标左键拖曳绘制褶皱，并在属性栏中设置"轮廓宽度"为0.3mm。如果对绘制的图形有不满意的地方，可以使用"形状"工具进行调整，如图12-24所示。

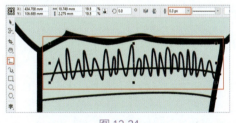

图 12-24

（23）选中绘制完成的细密褶皱效果曲线，将其复制多份放在其他曲线上方。同时结合使用"形状"工具对曲线的局部进行调整，效果如图12-25所示。

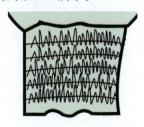

图 12-25

（24）制作袖口部位的褶皱效果。继续使用"艺术笔"工具，在属性栏中设置合适的"预设笔触"和"笔触宽度"。设置完成后在袖口部位绘制弯曲的褶皱效果，同时结合使用"形状"工具对局部的细节效果进行调整，效果如图12-26所示。

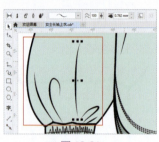

图 12-26

（25）继续使用该工具在左侧腋窝部位添加一个褶皱，如图12-27所示。

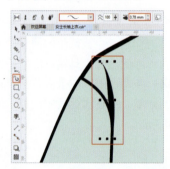

图 12-27

（26）在长袖中间部位添加花纹效果。从案例效果中可以看到，此处的花纹效果需要有一个弧线的闭合图形作为图文框，所以首先需要绘制该图形。选择工具箱中的"钢笔"工具，在长袖中间部位绘制图形，并在属性栏中设置"轮廓宽度"为1.0px，如图12-28所示。

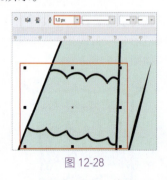

图 12-28

（27）导入花纹素材1（1.jpg），接着在

属性栏中设置"旋转角度"为90.0°，然后调整大小并将其放在绘制的图形上方，如图12-29所示。

图 12-29

（28）将素材多余的部分隐藏。在素材被选中的状态下，执行"对象>PowerClip>置于图文框内部"命令，此时光标变为黑色的粗箭头，在绘制的图形上方单击，即可将素材不需要的部分隐藏，如图12-30所示。

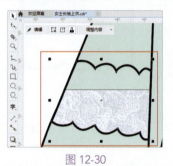

图 12-30

（29）单击"编辑"按钮，进入编辑状态，对素材的摆放位置进行调整，使其充满整个图形，效果如图12-31所示。

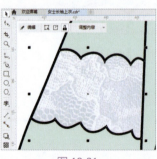

图 12-31

（30）选中构成左侧长袖的整个图形对象，并将其复制一份。然后单击属性栏中的"水平镜像"按钮，对其进行水平方向的

翻转。同时结合使用"选择"工具，将复制得到的图形放在右侧袖口部位，效果如图12-32所示。

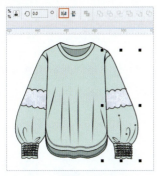

图 12-32

（31）将上衣正面的部分图形对象复制，然后移动至右侧位置作为其背面效果，并删掉多余部分，同时进行局部颜色的更改，如图12-33所示。

图 12-33

（32）制作上衣背面的后领圈效果。选择工具箱中的"钢笔"工具，在领口部位绘制图形，并将其填充为和上衣前片相同的颜色，在属性栏中设置"轮廓宽度"为1.0px，如图12-34所示。

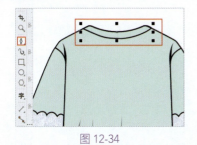

图 12-34

（33）在左侧绘制颜色色块。选择工具箱中的"矩形"工具，在左侧绘制一个矩形，将其填充为上衣前片的颜色并去除其轮廓色，如图12-35所示。

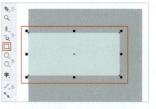

图 12-35

（34）将绘制的小矩形复制一份，放在已有矩形下方。接着导入花纹素材1，调整大小并旋转90°放在复制得到的矩形上方，如图12-36所示。

图 12-36

（35）执行"对象>PowerClip>置于图文框内部"命令，将素材不需要的部分隐藏，如图12-37所示。

图 12-37

12.4.2　制作条纹上衣款式图

（1）选中制作完成的上衣前后片效果，按住鼠标左键往下拖曳的同时按住Shift键，至合适位置后右击将其复制一份，如图12-38所示。

（2）添加条纹图案。选中上衣前片的轮廓图形，然后选择工具箱中的"交互式填充"工具，单击属性栏中的"双色图样填充"按钮，在"第一种填充色或图样"的下拉列表中选择合适的图样，设置"前景色"为蓝色、"背景色"为白色。设置完成后拖曳控制柄调整条纹的效果，如图12-39所示。

图 12-38

图 12-39

（3）继续使用"交互式填充"工具为上衣正面效果的长袖部位添加相同的条纹图案，效果如图12-40所示。

图 12-40

（4）将后片和领口部位的图形颜色更改为淡灰蓝色，效果如图12-41所示。

图 12-41

（5）使用"属性滴管"工具，为上衣的背面添加相同的条纹图案，效果如图12-42所示。

图 12-42

（6）制作右下角的面料图案。加选左上角的两个矩形并复制后移动到右下角位置，如图12-43所示。

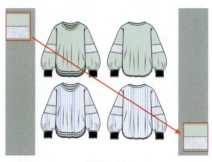

图 12-43

（7）选中位于上方的纯色矩形，使用"交互式填充"工具为其填充与衣服相同的条纹图案，如图12-44所示。

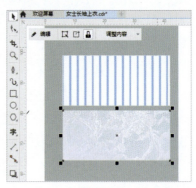

图 12-44

（8）案例完成后的效果如图12-45所示。

图 12-45